張太咪 著

大英國小職員職場奮鬥記

拒絕壓榨！大膽出走海外就業去

CONTENTS

PART 2

當英國上班族，跟我想的不一樣

PART 3

英國上班族專屬的好福利

CONTENTS

PART 5 英國辦公室的心酸與驚喜

推薦序

公司老闆、職場主管跟職員該借鏡的英式管理哲學

英國文化協會（台灣）藝術暨文化創意長　賴淑君

聽到小職員張太咪出書的消息，身為高中同學的我，十分為她開心！

我的職場生涯，是從二〇〇四年北京國際音樂節擔任節目經理開始，途中經過廣州大劇院擔任節目總監的洗禮，爾後來到台北的優人神鼓劇團擔任國外演出推廣經理，在兩年前開始進入英國文化協會的台灣辦公室主持藝術文化交流事務。從中國南北、台灣到英國駐台機構，跌跌撞撞中，我體會到不同社會背景所形成的職場文化，因此也能感受到身邊若有像張太咪這樣熱心分享職場文化的朋友，在初抵新環境打拚的磨合過程中，是多麼寶貴受用的支持力量！張太咪的臉書專欄『大英國辦公室小職員』所分享的英國職場點滴，也成為我目前工作上有趣參照。

雖然我身邊的同事們大部分是台北人，與倫敦的辦公室文化背景不盡相同，但由於我負責的工作主要是策劃、推廣與媒合，台灣與英國之間的藝術文化交流合作計劃，因此在與身處倫敦的英國同事互動之間，以及認識這個英國半官方的機構文化中，也對她提到的「英國職場文化特色」頗有共鳴。

張太咪的文字生動流暢，言簡意賅，不但為想前往英國留學工作的朋友，深入淺出地介紹了英國文化，也真誠地對人性化的職場文化提出思考分析，我個人認為是值得企業與機構負責人參考的。

英國職場的人性化與責任制

在我經歷過的華人機構所主導的工作文化，常有主管沒下班前不便離開辦公室的潛規則。然而在英國的辦公室文化裡，員工對於工作時間的管理是自主獨立的，比較沒有包袱。工作強調的是合理工時內的效率與結果，並非由加班過勞以象徵投入與賣力。由於雇主信任員工願意為工作負責，也因此對其偶爾所需的工作時間與地點調整也持較開通的態度；而員工也就能因人因地制宜地發揮最大程度的效率完成工作。這樣實際的責任制職場文化，我很認同，特別是藝術文化類的創作或策劃工作。

此外，在英國職場文化裡，只要有即時與主管通知，對於三日內的感冒病假並不扣薪，這方面的人性化考量，對員工的信任與關心，以及對工作進度彈性的掌握力，是值得參考的。每位員工只有在身心健康的基礎上，才能做好工作；況且，帶著病菌到密閉空間的辦公室，也有可能傳染到其它同事，因此英國僱主通常會建議員工病好之後再回來工作。這樣的考量不但很實際，也使員工對於機構所展現的同理心有所感

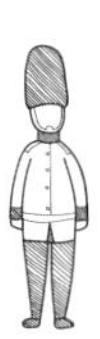

謝。通常回到辦公室會更盡力地趕上進度。同事間也會互相在身體不適期間，照應彼此，給予理解。

英國人重視工作與生活的平衡

既然努力工作，應得的休假只要時間不直接與業務衝突，主管都會盡早准假，也方便員工做假期的安排。這方面我覺得也是英國職場文化上，比起華人文化更重視生活與工作之間的平衡。工作若缺乏適當的休息，其造成的身心疲勞與壓力，長遠來說對員工是有害的，這個現象對於機構也完全無益。而且，同事休假期間或下班之後，除非緊急，不論職等，一定不會用電話或電郵打擾，這也是在公私分明上對於彼此的尊重。

主管與員工的工作目標設定討論與進度會議

這兩年我在英國的辦公室文化中，發現機構都會要求員工與主管在年度計劃開始時，雙方討論並協議年度工作目標，並定期確認每季的進度。平日主管也會與員工每兩週有定期的一對一工作討論會，看看彼此在工作上的公事、個人期許是否有疑慮或需要協調的方面或是反饋。我認為這樣的機制對機構與員工在達成工作的共識或是所

需的調整上是有幫助的，在有問題出現時，也能避免太晚發現或處理。

以上三個例子是正面的，也是對於華人職場文化有時過於講求勞動、服從與速度時，值得參考的思考面向。當然，英國辦公室裡不是完美的，也會有官僚、挑戰與令人沮喪失望的時刻。通常，這也就是考驗個人能力或是提供個人思考職涯發展的時刻。

希望本書的讀者們，也與我一樣，從張太咪的辦公室點滴中，慢慢構築出屬於自己的辦公室人生哲學；不論是僱主還是員工，工作都只是生活的一部份。重要的是我們如何創造與他人正向舒服的相處。

推薦序

每個嚮往海外工作的人都值得一讀

mit.Jobs 創辦人兼 CEO　林袒聿

mit.Jobs 專注於跨國工作和國際人才的資訊分享平台，是我和妻子蔡姿旭的共同創作。我們自己本身就是跨國工作者，三年前，她從新加坡、我從北京，一起回到台灣創業，也因此認識了小職員張太咪。

三年以來，我們面對無數嚮往海外工作的求職者，尋訪許多工作機會，也回答各種問題，看過、聽過許多成功和失敗的故事。

在海外工作不是一件容易的事。有許多我們看不懂、看不慣，甚至是想不到的事。就以張太咪的例子來說，在一開始張太咪就沒有通過第一份工作的試用期，但以常理來說，能在國外唸書並且順利找到工作的，應該是有相當目標、才華和決心的人才，不至於是因為能力不足而無法通過試用。況且在台灣，除非是犯了很大的錯誤，要不然一般都可以通過「試用期」。

但在英國卻不是這樣。

從不會寫英文履歷、不會面試、不知道薪水怎麼談、完全無法適應和安排自己的生活，到學會跟主管主動討論，讓不適任的部屬自己意識到而請求調職，到能夠自己獨當一面、培養人才，真正找到自己的步調，適應並且找到工作和生活中的平衡……每一個在海外工作的人，都像張太咪一樣，花費了無數次努力和付出，其背後的辛酸，真的不是未經歷過的人，所可以想像的。

正因如此，我才更推薦這本書。這不但是她的血淚成就，更是第一手真正的海外工作紀實。我並非是指主流媒體所說的光鮮亮麗只是行銷手段的包裝，但在那人人稱羨的待遇和優渥生活的背後，是堅定的決心和努力。

同樣的，「人才是資產，而不是成本」；「加班不是負責而是沒有效率的行為」；「有人休長假才可以看出管理是否完善」等等現代職場的概念，已經在歐美先進國家力行多年，也值得台灣正面臨轉型的企業主們參考。

謹推薦此書，給嚮往國際職涯的工作者，與想要打造跨國事業的企業家。願每個人，都能在全世界，找到發揮自己最大價值的舞台。

推薦序

台灣人在國際上的優勢在哪裡？

「科技島讀」行銷負責人／職場女性網站「CAREhER」共同創辦人　盧郁青

隨著網路和科技越來越發達，不論在資訊的取得或是移動，都比過去來得容易。擁有「外國經驗」，幾乎快成為履歷上的必備條件。

各種不同的外國經驗中，在當地工作，可以說是最高強度的一種。畢竟競爭的對象，不只是當地人，還有來自其他各國的優秀人才。所謂的高強度，是從一下機的那一刻就開始了。一張單程機票之後，面對的是人生地不熟的世界，迥然不同的風土人情、不太習慣甚至是難以下嚥的食物。最困難的莫過於生病時刻，那種要獨自一人面對，沒有救兵可搬的窘境。

先前和小職員張太咪的合作經驗裡，對她最深刻的印象，是即使已經忙到不可開交，她還是堅持發表文章，分享她的英國觀察。或許與她的行銷背景有關，這些故事讀起來非常有趣，一點都不生硬，也都帶有一些啟示。不過單篇文章能聊的篇幅有限，而這本書是用更長的時間軸，記錄她這一路走來的點滴。

從她的故事裡，能夠看到海外工作帶給人最大的收穫，就是能夠開拓視野，讓格局更加寬大。更因為可運用資源少，挑戰接踵而來，當克服了一次次的困難，用自己的專業獲得肯定，那種實現自我的成就感，是難以形容的。跨越能力的門檻後，則是善用自己外國人的特質，展現自己的差異化優勢。

從適應到展現優勢，說起來簡單，可是其實每一步都是血汗。而本書就跟張太咪本人一樣，樂觀、務實。面對挑戰，總能夠以正面的態度、理性冷靜的心態，找到適合的應對方式。

前一份工作的經歷，讓我認識許多在國外工作的台灣女生，也有個特權能探究她們海外工作的故事。在每一段文字往來中，心中都默默地敬佩她們的勇氣和毅力。而我也發現，她們共同的特質是樂觀，而且苦中作樂的能力特別強。

例如在書裡，張太咪多次提到「英語能力」的困難。其實對外國人來說，語言是天然的障礙，而本地人也習慣要多擔待。但是張太咪並沒有因此而躲在保護殼裡，而是嘗試用不同的方式突破。從第一份工作的失利，到十年後，逐漸找到一個自己和同事都能夠自然的平衡點上，此時的英文能力，已經是加分而不是減分了；苦中作樂的例子就更多了，不論是求職的艱辛歷程，或是面對口音太重，總是在不斷來回確認到

以為自己重聽的印度裔工程團隊，都能看到各種台灣與英國文化交集時的樂趣。

有這麼多「精彩」故事的海外工作，當然令人心生嚮往。有很多年輕人也的確正在規劃到海外接受挑戰。在許多海外職涯講座上，最常聽到人發問的就是：台灣人在國際上的優勢在哪裡？我想與其等別人給你一個正確答案，不如就直接從這本書裡尋找吧！跟著張太咪走這一遭，你更有可能看到自己的機會。

如果你短期內並不打算出國工作。我也建議你可以試著閱讀本書，因為在張太咪生動的文字下，你也會想要和她一樣，勇敢的接受更多挑戰。

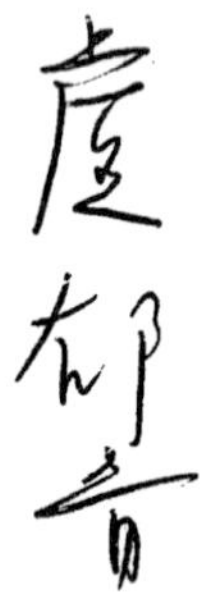

作者序

寫給自己，寫給你：我在英國職場「以人為主」的體驗

記得十年前來到英國的那一天，拖著一大一小的行李箱，握著單程機票，在機場跟家人道別，就飛來英國攻讀碩士。

當年啟程時並沒有對完成學業後的職場規劃有太多的想法，買單程機票只是想充分利用十六個月的學生簽證，好好待在英國讀書並到歐洲各地旅遊，之後再回台灣。

但沒有想到，單程機票真的只是張單程機票，之後我就在英國找到工作，並且定居下來，真的是計劃趕不上變化，就順著生命潮流走。

台灣的成長加上英國的生活經歷，塑造了現在的自己

我是在英國求職時，才真正踏出舒適圈，面對未知的挑戰，不斷反問自己有什麼能力？專長？弱勢？工作機會在哪？充滿著對自己期許的壓力、內心的煎熬跟孤獨、經濟上的焦慮，以及經歷跟英國人相處的磨合跟種種文化衝擊。

現在回想起來，很慶幸我在十年前有「試試看在英國工作」，這個姑且一試的想法，衍伸出來的效益是有機會面對與認識自己，一直到現在我覺得認識自己是一輩子的功課。

我在「當英國上班族，跟我想的不一樣」這一章，分享當初在英國求職的經歷。人在異鄉，通常都是報喜不報憂，不讓親朋好友擔心，現在事過境遷很久了，感覺是時候揭露一些不為人知的辛酸故事。

認真追究起來，「不放棄地堅持」跟「行動力」大概是促使我在英國這個異鄉生存下去的力量。我花了很大的力氣磨合自己的能力跟市場需求，透過一次又一次地求職過程，慢慢地調整並找出一個適合自己的英國職場環境。這中間歷經無數次的履歷修改跟面試模擬，甚至在開始工作後，我特地去上了英文課，矯正我的中式腔調英文口音。

這些挫折是相當考驗自己信心的時刻，每一次只能告訴自己要比上次更進步，從上一次的挫折中學習，避免再有同樣的失誤。

人來人往的倫敦市中心。

在台灣跟英國上班有什麼不同？最大感觸是「員工是人，不是機器」！

在英國跟台灣上班，其實有許多相同之處，例如工作績效的壓力、同事間的交際。當然也有更多的不同，例如制度、文化思想、社交潛規則等等。我是在這幾年，才慢慢深入了解英國文化，以及一些有關工作與生活上的差異。例如，在英國上班會覺得正常上下班很爽，但事實上工作壓力頗大，得在有限的時間裡提高效率完成工作。

我最大的感觸是在英國辦公室中，被雇主從「員工是人而非機器」的關懷對待，尤其是在我個人遭遇不幸意外時，情緒跌落谷底，接受到「人為先，工作為後」的照顧，讓我強烈感受到職場文化的差異。我在書中也分享了相關的細節，不是身體生病才是生病，心理跟心情也要健康不生病。

這代表雇主重視的是效率產值而非生產時間的態度，並且以長遠的人力支配為考量而非只是當下；同事間也彼此尊重跟體諒，職員也不會濫用以良善為出發的政策好意。

這可能就是我為什麼想要寫書的原因吧，希望有機會能推廣一些「以人優先」思考的職場環境和合理的工作條件。

「工作跟生活間的平衡」是很多人提到英國職場的觀念，我的確也在英國感受到。平日上班工作繁忙壓力大，但一到下班時間跟休假時刻，絕對是你的個人時間，不必二十四小時、三百六十五天被工作綁架，被主管跟廠商的手機通訊軟體追著跑。英國辦公室裡，追求的是效率，而不是工作的時間長短。

台灣近年的就業市場，常聽到長工時、低薪資、上層打壓的工作環境，我希望我在本書介紹的英國職場工作環境、資方跟勞方的態度、英式思維，能有「原來職場文化也可以這樣」的正面啟發。書中的陳述都是我真實的英國觀察，或許有些是個案，

但都是我親身的體驗。

最後，謝謝我自己的堅持跟認真，更感謝我父母的包容與支持，還有一路上直接跟間接幫助我的人。

這是一本我花了一年的時間，擠出上班、帶小孩、做家事之外的空檔時間，才終於完成了這本書，這也算是一種堅持！

希望在新的一年，你也可以帶著「不放棄地堅持」馬上開始「行動」。

張太咪

在聖誕市集發現比臉還大的聖誕吊飾。

PART 1

什麼？英國辦公室不可思議

辦公室英文

Flexible Working

－彈性上班－

名詞

大部分英國企業都有彈性上班的政策，通常是上班時間跟上班地點的彈性，不必固定時間在辦公室上班，上班也不一定得進公司，員工可以自由彈性地調整上班時間及地點。這樣的上班方式，重視的是績效成果而非制式的朝九晚五上班方式。

上班不用進辦公室——彈性上班

「克里斯今天休假嗎？我想要找他討論事情。」

「克里斯今天在家上班喔！」

「喔！那我打視訊電話跟他討論。」

自從公司開始實施彈性上班的措施，這樣的對話在辦公室還滿常聽到的。

照常理第一次聽到「上班不用進辦公室」這個概念時，馬上聯想到是業務性質的工作，其實不然，越來越多的英國企業採用這樣的工作方法。

當初公司是因為辦公室搬家，空間有限，才開始鼓勵聰明跟彈性上班法 **Smart and flexible working**。我們這些老員工，已經習慣朝九晚五每週五天都在辦公室工作，一方面覺得彈性上班、在家上班真是德政，另一方面心裡也懷疑可行度，不會拖累進度嗎？

在開始彈性上班後，我試過**彈性時間、彈性地點、彈性合約多元的三種上班方式**，我開始體會這樣多元的上班方式，是平衡工作跟生活、平衡制度跟彈性，追求工作產

出的最大效率。

彈性時間——上下班時間自己決定

第一個嚐到的好處就是自己決定上下班時間，我每天開車上班，遇到巔峰時間會多塞半小時，因此我總是提早出門，上午六點半就出門，八點到公司，到了下午四點時自動下班閃人，避開巔峰車潮。

搭地鐵上班的同事，會選擇晚一點上班，沒必要特別早起避開車潮及人潮。這些同事可能是九點才上班，正常五點下班。

有時因為個人私事要處理，例如去銀行、去看醫生，無法準時上班，跟主管商量一下臨時彈性上班，先去把事情辦好再進辦公室，或是提早下班後再去辦事情。

每天的上下班時間都可以隨自己的狀況臨時調整，只要把份內事情做好，不耽誤到其他同事，不影響工作進度即可，非常注重自發性跟自我管理。

有好幾次我出發前先查交通狀況，發現高速公路發生車禍，如果照往常時間出發一定會塞在路上動彈不得，我就自行彈性調整上班時間，先在家開電腦上班、處理信件，等高速公路路況順暢後，再出發上路去公司。雖然晚一點到，但是整體來說是節

公司附設的員工餐廳入口。

省時間，還有心情並不會因為塞車枯等而焦急煩躁。

不死守上下班的打卡時間，而是彈性決定，完全是不同的工作思維呀。不執著於幾點幾分打卡的小細節，反而是重視不要將時間浪費在無所謂的通勤時間上，可以平靜快樂地來上班，不會因塞車趕著打卡影響心情，進而大大的提高工作效率。

會議時間有默契的不訂太早或太晚

我每次見到有人發會議邀請的時間是上午九點或是下午四點之後，都會在心裡哀嚎一下。當天起床查看路況時得保祐路況順利，不然可能進辦公室後一路奔跑趕去開會。如果是四點之後的會議，非必要的會議，我會婉轉的詢問會議召集人，有沒有辦法挪到早一點的時間。

大部分會議時間都可以調整，同事間都有默契盡量不要約太早或太晚的會議，我也默默地觀察過辦公室的出勤狀況，通常下午四點後人就漸漸地稀少，五點後剩下一半，六點後只有稀有的苦命動物還在辦公。

我每次在辦公室上班時，都有如戰鬥日，因為在辦公室的時間有限，處理公事時需要聚精會神、急速壓縮。不然就會耽誤到四點下班的時間，晚點下班遇到嚴重塞車反而折損更多精力，這更是另一種挑戰。

彈性地點——在家上班（Working from home），不用進辦公室

英國很普遍彈性上班的方式，就是上班不用進辦公室，打開筆電在家工作，或是在其他地方遠距上班。

住在離公司遠一點的同事，自己決定一週五天中，三天進辦公室，兩天在家上班，我也是這麼做。有時候行事曆沒什麼開會討論的行程，需要專心處理事情時，就再多一天在家上班。

其他在英國上班的朋友們幾乎都有在家上班的經驗，至於當日在家上班的理由，

每個人每次都不同。

有的時候是當天家裡有突發事情，不方便去辦公室，或是像火車罷工、下雪壞天氣這情況而無法到公司上班；有些是需要專心不打擾的工作，所以當天在家上班。有朋友的工作合約直接白紙黑字簽訂允許在家上班的工作方式跟天數，這樣的工作型態已是常態。

同事間都很習以為常今日哪位同事又在家上班了，或是早上臨時收到某位同事的信件告知，我今天要在家上班，有事請 email 或是視訊電話聯繫。

每個人的上班地點都不同，聯繫跟溝通需要靠科技，視訊會議、即時通、電話都是溝通聯繫的必要配備。當我在家上班時，常常戴著耳機講視訊電話。

上班的時間地點與工作效率無關，不用看主管臉色

何時彈性上班、需不需要遠距上班，這些調整都讓員工自己判斷。**這個想法跟東方文化，上下班要看主管臉色，主管沒下班前不敢先閃人，非常的不同。**英國的辦公室文化裡，重視員工要有判斷力，在什麼樣的狀況該做怎樣的處理，還有員工客觀、切實的自我管理，幾點上下班、在哪上班，不要連這點小事，都需要主管告訴你。如

此一來也就形成了多樣化的工作型態，少重視型式，多強調產出與效率。

我觀察後發現，除了同事每個人的自律性高，沒有濫用遠距上班的福利拖延工作進度之外，大家都知道事情的進度跟流程，清楚了解自己的工作內容，讓公事不出差錯。如此一來，便可以規劃團隊討論工作跟自行單獨作業的時間，例如，週一與週三在公司，可以開會跟討論公事；週四就是自己專心工作趕進度的時間，可以遠距上班。

雖然彈性地點工作，也可以利用辦活動促進情感

每位同事都想要遠距上班，但這可能也會產生問題，遇到狀況時就只能互相包容，或是理性協調，找出對每個人都有利的方式。

遠距上班最容易產生的狀況是同事老是碰不到面，減少了社交聊天的機會，彼此間不太熟，很難全員參與面對面的會議。這時候我們同事間不會抱怨，反而是聚在一起討論，找出同組十個人內最合適的結果。部門組內如果每個人都選擇不同天遠距上班，大家只好協商一下，如果遠距上班，盡量挑週四。週二大家都一定得進辦公室，就可以開部門會議，順便聯繫一下感情。

在英國亞馬遜 Amazon 公司上班的朋友提到，他們公司最近成立一個遠距離上班的團隊，每人每天都在家工作。為了增進團隊合作跟情感默契，這個團隊會輪流舉辦遠距辦公室活動。例如今天是粉紅毛衣日，每一位組員就會在家穿著粉紅色毛衣，自拍後上傳照片給大家看，或是遠距開會時開視訊，大家互相評分。

彈性時數——正職工作不一定是全職五天班

正在放育嬰假的同事突然出現在辦公室，原來是他來找主管討論他返回職場的細節，我們問他你回來上全職班嗎？還是縮短時數只上三天或四天班？同事說他決定縮短上班時數，仍是正職合約（Permanent contract），但改成一週只上班三天。

很多家有幼兒或請完育嬰假的同事，都會申請彈性時數的上班方式，例如減少天數、減少每日的上班時數……等等各種彈性法，這是英國政府福利政策之一，創造對家庭友善的工作環境。

英國政策是允許如果父母有十七歲以下的子女，在同家公司上班半年後，有權利跟公司申請彈性合約的工作方式。

彈性的工作方式有很多種，包含減少總工作時數；「工作分工 Job share」——由

兩位兼職的員工分工做一人五天份上班的工作量；「學期上班 Term-time working」——只在小孩學期期間上班，寒暑假不上班；「上學時數 School hours」——上班時間依照小孩上學時間，先送小孩上學後晚點進辦公室，提早下班接小孩下班；「壓縮上班 compressed working hours」——四天上完五天全職上班的時數。

在辦公室裡，彈性時數上班的同事依然是少數，但大家聽到時也並沒有太驚訝的反應，反而是同理心的理解這個決定背後的原因。每個產業與公司的環境都不同，彈性時數的普及性也稍有不同。無論如何，重要的是這制度的存在，讓員工有權利申請彈性上班，兼顧家庭與工作。

平衡家庭生活跟考慮托嬰費用，是選擇彈性時數上班的主因

彈性合約因為工作時數減少，當然薪水也會打折，但薪水通常是考量的次因，主要想在個人職涯與照顧家庭中找到平衡點，想要多些時間照顧小孩並陪伴小孩成長。

在英國很多彈性時數上班的申請，都是因為有了小孩後，在事業與家庭之間做的取捨，尤其英國很少有長輩幫忙帶孫子的照顧支援，再加上英國的托嬰費用昂貴，有時候倒不如自己帶小孩在經濟上比較划算。在台灣，家人幫忙照顧小孩的情形比較常見，可以減輕父母帶小孩的壓力，父母可能也傾向多為經濟打拼的想法，所以台灣公

司也少有彈性工時的正職合約方案。

英國職場企圖建立對家庭友善的工作環境

我覺得英國職場環境通常對有幼兒家庭的員工容忍度高，在範圍之內如果可以給予彈性上班，都盡量幫助，因為這也是互相的，當初的主管或許曾經受惠此政策，因此大部分都可以理解。同辦公室的同事也尊重、配合跟包容，或許有一天也會輪到他們需要這種的彈性上班，來平衡工作跟家庭。

我公司同事通常提出申請都會通過，主管跟員工會找出最適合彼此的彈性合約方式，互相調整跟照顧。同事會看工作要求和狀況，去申請比較容易通過的彈性上班法，一看就行不通的上班方式就會避免。

提出正式申請書的程序很容易，說明理想的彈性合約方式，跟主管討論彈性上班對工作的影響，如何將影響降到最低。公司有權利拒絕申請書，或是進入二次協商，討論其他辦法。法規也規定公司必須提出明確的拒絕原因，原因得符合政府的規範，不可以無中生有捏造，不然員工可以提出抗議跟申訴。

這樣說好像很理想，但每個行業、每家公司、每位主管的實際狀況都不同。我朋友跟我說他申請的彈性合約被拒絕，因為他上司不同意，只好改採其他方式，後來上司離職，他再申請一次就通過了。

整體來說，英國職場裡的彈性工作合約是件稀鬆平常的事

英國人的工作模式，依照自己的生活步調跟家庭變化，用不同的彈性工作法來調整，為的就是想要兼顧個人、家庭與工作。要全面平衡很難，但至少有這彈性上班的選項，時間、地點、合約上的自由，提升了整體生活的品質，還提供了喘息的空間。

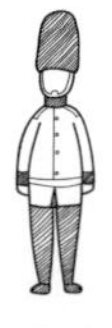

倫敦辦公室大樓外，常有休息的小空間。

辦公室英文

Hot Desk

- 共用辦公桌 -

名詞

有些英國企業的辦公室設計，採取共用辦公桌的方式。員工並沒有指定的固定座位，辦公桌是共享的，員工可自由的在任何一張共用的辦公桌上工作。因為辦公桌是共享制，座位上並沒有任何的私人物品。

2 沒有固定座位的開放式辦公室

我的公司因為辦公室搬家，開始推行聰明工作法Smart working，除了彈性上班，開放式辦公室設計是另個方案。

新的辦公室設計，完全是採開放式空間，整層是一望無際的辦公桌。辦公桌採共用式，沒有一格一格的隔板擋住，中間穿插很多可以開會討論的沙發跟小圓桌，都是自由使用的開放空間。

我們這些老員工，早已習慣一個蘿蔔一個坑，擁有個人固定式座位、自己的抽屜和櫃子，桌上擺著個人主機跟螢幕。聽到要在開放式的辦公室工作，心中同時有很多疑問：

沒有固定座位？那這些紙本資料跟個人物品該怎麼辦？

沒有桌上電話？那該怎麼找人？

同時間裡同事在不同地點上班，我們要如何開會？

公司要減少會議室數目？只有更少沒有更多？

這些疑惑在搬到新辦公室後，很奇妙地自然而然不成問題，同事們都接受這種自由度高的彈性上班，很大的原因是開放式辦公室投資了硬體，如：電腦及網路設備，幫助克服開放式工作的技術性問題。

共用辦公桌 Hot Desk

開放式辦公室的最大特色是辦公桌是採共用模式，沒有固定座位，因此辦公桌沒有附設抽屜可放個人的小東西，桌面上更沒有層架可以放紙、筆、檔案夾這些文具。

共用辦公桌這個名詞很妙，照英文字面翻譯是熱桌，第一次聽到這名詞覺得很有趣，但又不太懂真正的涵義，直覺認為不是照字面上的意思為發熱的桌子，或是辦公桌的溫度。我默默地不動聲色的繼續聽後面的解釋，才了解是指共用共享的辦公桌，每位同事沒有固定坐位，大家可以任意坐。

用「熱 Hot」形容桌子，是暗喻同一張桌子會被很多人使用，表示「熱門」之意，辦公桌搶手熱門。

我們部門是以區塊來劃分公用辦公桌，例如這一區是商品經理組，這組有八位同

事共享六張桌子，隔壁區是網路行銷組，行銷組共有十二位同事共享十張桌子。三個區域十六張桌子，五十個座位就是電子商務部六十個人的範圍。

每天都在玩搶座位的大風吹遊戲

咦~六十個人只有五十個座位？沒錯，辦公室裡彈性上班，不是所有的人都會一起進辦公室，至今為止，還沒有發生過座位不夠的狀況。如果真的都坐滿了，就自動地坐在隔壁部門或是沙發區上班。

我們剛開始也是不太習慣，但我覺得同事們很快就適應了，而且這樣的方式在業界並不是創新，有些公司已經行之有年，同事們就順應潮流接受新方式。

每天上班我們都在玩大風吹的遊戲，看到空位，先來先贏先選先坐。如果得坐到隔壁組，先友善的問一下隔壁同事這是不是空桌，就毫不考慮的坐下去。

剛開始的確會擔心上班時沒有坐位，或是得去旁邊坐的尷尬情況，不過後來就習慣了，只是如果旁邊坐了不熟的同事，當天上班就會很安靜沒什麼話說，但是如果你要打破沉默，大方與新同事聊天，也是沒問題的。

我發現有些同事喜歡同組坐，但也有同事喜歡坐旁邊點的座位保持距離感。選擇

的自由度真的蠻高的，沒有所謂同一個部門一定要綁在一起。

但是大風吹的座位遊戲也有壞處，如果不幸坐到地雷桌，設備比較差的座位，當天可能會工作不順。例如辦公桌上的電腦螢幕故障，或是椅子卡卡的不舒服，甚至桌上有些茶漬、咖啡漬，就會覺得工作環境不是很舒適。

一台筆電跟置物櫃促成辦公室行動化

為了移動方便，公司每個人都分配到一台筆電，筆電中早已設好網路視訊電話Skype，跟遠距連線到公司公用硬碟檔案的系統，整個是行動化設定，無論在公司的哪個座位，或是在家上班，都沒有無法工作的藉口。

辦公室還有另一個特色就是有五顏六色的個人置物櫃（Locker），供員工放置個人物品。之前我們有很多書面資料跟文具用品，現在由於沒有個人抽屜，物品、文具、文件通通變少了，例如以前有十支筆現在只要二支就夠了，資料也不用印出來，直接看筆電討論就好。

英國人的辦公桌原本就很少有個人化的特色擺設，而這樣的 Hot desk 型態辦公室，更是讓個人特色降到更少。我同事笑說公司真會省錢，除了少了辦公桌座位，連

文具跟影印支出也減少了。

我觀察公司為了促使行動化，在這一方面硬體的支援，態度是能提供的就盡量提供，將預算花在刀口上，提供無線網路跟筆電，然而傳統上可以不必要的文具物品，就減少購買節省開支。

在開放式的沙發空間取代正式會議室

在新的開放式辦公室裡，比較麻煩的就是開會。因為正式的會議室只有十二間供全公司二千人使用，如果有正式的商業會議，需要預先找到空的會議室才能開會，一切都要先計劃好，無法一如往常的約好會議再訂會議室。

取而代之的是辦公室空間裡有很多沙發區，每個角落都有可以合起來的半開放式方桌，想開會時，看見有空的沙發或方桌就趕快坐進去搶位子。不只內部的會議，我們跟外部廠商開會，甚至求職面試也採用這種方式，少了正式、多了輕鬆氣氛。

我們面臨這樣的改變多半是支持的，畢竟嚴肅死板的會議通常都不討喜，輕鬆的氣氛加上快速的節奏，反而讓會議更有效率。

破冰式的交際，刷出自己的存在感

我覺得在這樣的辦公環境上班，好處是既自由又輕鬆，開放空間的設計感覺空曠舒服，比較沒有壓迫感。只是半年下來，我認為沒有固定辦公桌也是有一些缺點，例如小組間的凝聚力會比較弱，組員常常沒有坐在一起，分散在四處，自然少了緊密的向心力情感。

我個人認為需要學會如何交際，千萬不可以怕生，要破冰式的去主動認識。今天的座位如果隔壁是坐了有點熟但又不太熟的同事，還是要熱情地打招呼，聊個兩三句話。有時候聊天的話題，對我這個「外國人」略為生硬，我只好豎起耳朵專心的聽，一有談話空檔，就馬上拿出英國人不敗的聊天話題，轉換閒聊內容，加強自己的存在感。

辦公室開放的公共空間。

辦公室英文

Bank Statement

－銀行帳戶交易明細單、帳戶對帳單－

名詞

英國的銀行帳戶並沒有提供實體存摺簿，取而代之的是帳戶交易明細單，通常是以月為單位。早期銀行會每月郵寄交易明細紙本，現在網路銀行普及，上網查詢即可。

3 沒有指定薪資轉帳戶、沒有試用期後加薪

英國公司不要求開指定銀行的薪資帳戶

上次回台灣時，被爸爸要求去銀行終止一些沒有使用的帳戶，翻出存摺簿，居然有四個不同的銀行帳戶要終止，這些都是當初在台灣工作時，不同公司要求去指定銀行開的薪資轉帳帳戶。離職後這些帳戶再也沒有用過，現在居住在英國，使用這些銀行帳戶的機率又更低了。

在台灣上班，每換一個公司就要到該公司指定的銀行開戶，這樣公司才能發薪水，如果常換工作，就像在蒐集銀行帳戶集點遊戲，存摺本全部攤開像玩接龍遊戲。

在英國上班，絕對沒有指定銀行薪資轉帳戶。公司轉帳發薪水，員工用任何銀行的帳戶都可以，所以我目前為止還是只靠一個銀行戶頭行走江湖。

使用哪家銀行來領薪水，完全是個人選擇，跟公司一點關係也沒有。

外國人在英國開銀行帳戶，總得過好幾個審核難關

在英國當你找到工作收到錄取通知（Job offer）時，人資就會寄給你一份工作合約跟一些資料表格，例如個人基本資料跟簽證影本，還有一項是薪資轉帳的銀行資料，填入任何銀行戶頭資料即可。開始上班之後，薪水就會匯到你提供的銀行帳戶，絕對不需要找到工作，還得特地去指定銀行開戶。

另一方面，在英國銀行開戶還挺麻煩的，銀行大多會先審核個人資料，再詢問為什麼你還需要另一個帳戶，有時運氣不好碰到的銀行行員不友善，臭臉跟你核對個人資料、證明身份，就無法立即辦理手續，還得之後再預約辦理，多跑了好幾次銀行，也碰了很多釘子。

上班後，如果在公司內部想要更換領薪水的帳戶，改用其他銀行帳戶也不麻煩，有的公司是直接跟人資聯繫，重填表格。有的是直接登入到公司內部的個人資料系統線上立即修改，下個月的薪資就轉帳到新的戶頭了。

英國銀行帳戶沒有存摺，只有交易明細單

另外還有一點跟台灣不同的是英國銀行沒有帳戶存摺簿，不必特地去銀行刷本子看明細，取而代之的是帳戶交易明細單（bank statement），一個月列一次清單或是一封郵

下班後到小酒館喝一杯是必要的交際。

件。早年我來英國時，還會要求銀行每個月郵寄上個月的交易明細單給我，為的是要有信件上的地址證明。

後來我在英國慢慢累積了個人信用資料，不太需要信件的地址證明來證明有我這個人的存在。確實在英國生活跟居住，加上紙本不環保也難處理，銀行強力推行無紙本的網路銀行，就改用網路銀行線上看明細即可。

英國少有試用期後加薪的情形

有次被剛來英國工作的朋友問到，他上班後發現他當初談好的薪水有點低，有些後悔，現在三個月試用期快過了，試用期過後可以跟老闆談調薪嗎？我突然被問這個問題，頓時愣了一下。

印象中我帶的直屬組員，並沒有人在試用期後跟我談調薪的情況，或許是他們對合約條件還算滿意，也或許是英國比較少有試用期後調薪的習慣。通常都是一薪到底，如果有試用前試用後不同薪水的狀況，也都會在簽訂工作合約前，雙方就先談清楚了。換句話說就是照著合約走，合約怎麼寫就是怎麼規定。

大部分的公司每年都有固定的時間，對照整年經濟的通貨膨脹率跟回顧公司整體的薪資水平，統一調整薪資。如果想要額外談加薪，我認為利用每年一次的「個人發展計劃」的考績討論會，是最好的談判時機。英國人非常重視個人工作績效，所以拿著工作成績當談判籌碼，談貢獻度跟薪水比例，成功率或許比較高一點。

英國所得稅高，薪水扣完稅才知實領這麼少

很多新鮮人領到第一個月的薪水後，會非常驚訝，怎麼實際領到的薪水這麼少？這是因為英國扣稅扣很重。

老實說我到現在還不是很了解我的薪資扣稅細節，大致上是薪水的三分之一都拿去繳稅跟國家保險（National Insurance），領到的薪水是扣完稅後的實薪，英國政府很精明，發薪水前直接先把該繳的錢都拿走了。

二〇％起跳的所得稅加十二％國家保險費

英國稅率很難懂，因為稅率採累進制，不同的薪資門檻扣不同的稅率，英國文書行政類型的工作普遍是算年薪，跟台灣的月薪方式很不同。稅率計算的準則是年薪四萬三千元英鎊以下是二〇％稅率，若薪水超過這個門檻，稅率變成雙倍到四〇％，高薪破十五萬英鎊，甚至扣到四十五％。

除了稅還有國家保險（National Insurance），薪水的十二％都強制繳給政府了。

談工作時原本以為年薪很高，結果東扣西扣，繳完稅跟國家保險，每月實拿的薪水只剩一點點。因此如果在談工作時，沒有把預期薪資想清楚再簽約，等到第一個月拿到薪資單後，再來後悔就來不及了。

我第一份工作傻傻地也不是很懂，好險當初談好的薪水幸運的是一般水準，沒有低的太離譜，當時生活花費也不太高，勉強可以糊口。後來我個人面試時的小撇步，是在談薪水前先上網找網站試算稅率跟實領金額，因為自己算實領薪實在太複雜了。只要在網路搜尋關鍵字「稅率試算」，就有網路稅率大神幫你試算年薪扣完稅後的週薪或月薪是多少。

在英國這個處處都昂貴的地方，找工作談薪水還要設防「扣稅」這個隱藏支出，確保實際收入符合自己內心的薪資期望。

地鐵站的演奏者。

陪主人搭乘倫敦地鐵的狗狗。

倫敦地鐵被稱作 Tube(管子)，是重要的交通工具。

Employee Benefits

－員工福利－

名詞

英國企業通常除了薪資之外，還會附加一些員工福利。常見的員工福利包含：退休金制度、公司上市股票認購、私人醫療保險、死亡險、育兒照護費用折價券、通勤車資津貼、零利率火車票費用貸款、健身房會員。

4 英國沒有的福利：沒有年終、沒有婚喪假

沒有的福利之一：年終獎金

以前在台灣上班時，農曆年前除了放假，最期待的就是發年終獎金，不管多少，多一筆獎金就好開心，等著領獎金好過年。英國聖誕節假期，就如同農曆新年，英國人十二月都忙著準備過聖誕節，在辦公室裡，大家上班忙歸忙，但總有一種「要過節」的氣氛。

我抱持著類似「要過年過節了」的想法，第一年剛在英國上班時，心想著公司會在聖誕節前發一筆獎金讓員工好過節嗎？

我這隻英國職場菜鳥，實在不好意思問主管，只好唯唯諾諾的問同事：請問公司會在聖誕節前發獎金嗎？同事一臉狐疑地回我：我聽不懂你在說什麼？什麼獎金？

我頓時脹紅了臉，開始跟同事雞同鴨講的解釋，在台灣工作農曆過年前，公司通常看業績的好壞，會發給員工某個額度的獎金，以月薪為單位，也會請員工吃尾牙，

春天時刻，大家已迫不及待到廣場放空曬太陽。

還有抽獎。

同事聽得好不羨慕，這時我才明瞭，英國職場在聖誕節前，都沒有發年終獎金的習慣。一般公司的獎金制度，完全是看個人的工作合約內容，一般而言並沒有過節發獎金的習俗。

內心頓時好失望，在心裡嘀咕著：啊～額外獎金的夢想泡湯了，原來福利不是什麼都有，也有比不上台灣的情況！然而表面又要裝正經，維持辦公室的專業形象。原來在英國上班不是什麼都好啊！

有些福利只有台灣有，英國並沒有。例如三節獎金、年終獎金……等額外的獎金。在英國，獎金制度是依據你跟公司談的工作合約內容，薪資條件是否含獎金、何時發、金額多少，通常沒有年節習俗的加給，合約怎麼訂，獎金就照規則給，完全是白紙黑字，沒有隱藏版的獎賞。

感覺真是沒有人情味！只好一邊怨嘆一邊繼續乖乖上班，畢竟寄人「國」下，只好入境隨俗。

沒有的福利之二：福委會、紅白包、生日金

在英國上班，真的很少有小確幸的福利，例如公司福委會給生日金、紅包禮金或白包慰問金，這些在英國通通沒有。我有次跟英國同事提到「福利委員會」，我還仔細想了一下該怎麼翻譯成英文比較恰當，結果不意外地得到一頭霧水的回應。

原來英國公司沒有福委會類似的單位來統籌員工的小確幸，加上公司裡並沒有特別提撥預算的習慣。因此台灣習以為常的三節獎金、禮品、紅白包、尾牙抽獎獎品……等等，在英國沒有才是正常的，如果有收到，就是公司佛心來的，額外善待員工。

有時候在臉書上看到台灣朋友貼的訊息，領到公司的獎金、開工紅包、獎品，真

是懷念起在台灣這種工作上的小確幸啊。我只能默默的在英國這個異鄉，哀怨起人情味和小確幸，完全是要靠私人交情。

好在我人緣還算及格，同事交情還不錯，也許是英國人都有慣性的禮貌，自發性的做到同事間該有的行為。我會在生日時收到部門同事合寫的卡片、集資買的禮物。

相同的道理禮尚往來，友人生日或結婚，我們同事間就會自掏腰包的送禮，獻上祝福，順便套套交情，有時候也會拗直屬主管加碼送禮。

某年生日我收到同事集資合送的ＳＰＡ兌換券，當下覺得真是貼心，工作時用電腦常會肩頸痠痛，禮物來的好不如來的巧，可以去按摩放鬆一下。

我在辦公室聽過最實用的禮物是有同事結婚要去美國度蜜月，他的直屬主管特地去銀行換美金，獨自送現金當成禮物，英國人通常結婚都是送禮物，送現金是特殊例子。

沒有的福利之三：婚假、喪假

我在某年的五月回台灣參加朋友的婚禮，朋友提到他的蜜月要在九月，婚假連著中秋節連假出國度蜜月，這樣加起來可以休比較多天。我實在是在英國住太久了，心裡默默的驚嘆了二次。

第一次驚嘆是：咦，結完婚後沒有馬上去度蜜月。因為英國的習慣是結完婚後馬上蜜月去。第二次驚嘆是：婚假！這麼好喔！結婚有婚假，英國都沒有。在英國結婚度蜜月，請使用自己的年假。

聽到婚假同時讓我想到，當親人過世時，通常英國公司給的有薪喪假只有三到五天，如果需要更多時間籌備喪事，都得使用自己的年假。跟台灣勞基法相比，父母、配偶過世有八天的有薪喪假，真是少太多了。

因為英國沒有額外的婚假，因此在辦公室偶爾會聽到同事說：我在積年假準備要結婚。結婚典禮是人生大事，可以事先規劃，通常籌備期長達一年，請假通常會請二到三週，第一週籌備婚禮，後兩週是去度蜜月。

雖然英國公司的員工年假都有至少二十天，英國人往往一年會休好幾次假，但是叫英國人一年只休一次婚假，把所有的年假都用在婚禮跟蜜月，其他時間都不能再休假，那剩下漫長的上班日該怎麼過下去啊！所以很多英國人在結婚前一年就會規劃年假天數，謹慎地安排使用。

如果得多請婚假和喪假，但是年假已經用完了怎麼辦？或是有緊急特殊狀況要請假怎麼辦？

這時候請無薪的假就要靠關係了，根據公司的包容度跟主管的態度。看看主管願不願意讓你彈性上班，沒上班的時數之後找時間補足，或是公司要不要睜一隻眼閉一隻眼，不跟你計較。

其實英國人大多同理心高，只要情況屬實、工作能被代理、可以彈性工作，通常都會照顧員工，畢竟喪禮不是人人樂意遇到的狀況。

有一次我的直屬主管在休完年假兩週後回來上班沒幾天，母親突然過世了，他是獨了，只好繼續請假籌備喪禮。媽媽的喪禮辦完後，沒多久年事已高的外公，由於女兒過世後哀傷過度相繼過世。直屬主管只好再跟他的主管溝通，硬著頭皮繼續請假，公司基於人道考量，會給予彈性上班法，讓他能安心的處理喪事。

在倫敦怎可以沒坐到雙層紅巴士。

辦公室英文

Away Day

－團隊外出日－

名詞

　　團隊外出日是英國常見的企業活動，公司員工上班日不進辦公室，到辦公室外的地點，進行研討會、工作討論、策略發想，或是團隊默契建立的活動。

5

公司集體員工旅遊是瘋狂的想法

從臉書上看到以前的台灣同事在投票公司旅遊的地點，他的臉書貼了一張照片，註解「員工旅遊投票才知道沒有永遠的朋友」，我突然很懷念公司旅遊的福利，還有大家一起出遊的有趣記憶，因為英國公司沒有員工旅遊呀！

據我所知，大部分的英國公司都沒有員工旅遊這項福利，只有聽過少數幾個公司，公司老闆大放送，有提供免費員工旅遊，這通常是小型公司，成本比較少，員工感情比較緊密。

想起之前有一則新聞是一家來自中國的公司，帶著六千五百名員工到法國南部旅遊，幾乎都把法國城鎮的旅館包下來了，整個海灘都是這家公司的員工！這麼多人在同個地點活動，真是個龐大的團體移動工程。當我給英國同事克里斯看這則新聞時，克里斯給了我不可置信的眼神，還問我這是什麼宗教聚會嗎？

部門團隊外出日的充氣城堡挑戰賽。

對英國人來說，公司旅遊是瘋狂的想法

當我跟克里斯解釋這是亞洲公司的員工旅遊，在亞洲來說，這是個稀鬆平常的福利，一年一次的員工旅遊，而且都有全額或是部分旅遊津貼補助。

克里斯一開始覺得這樣真好，怎麼英國企業都沒有免錢的員工旅遊。但是再思考幾秒後，開始質疑這個觀念，覺得有點瘋狂。旅遊就旅遊，個人休假的旅遊，為什麼要公司全部員工一起去？有點質疑起員工旅遊的好壞了。

另位同事亞當突然警覺的問說那是算工作還是算放假？個人的年假怎麼算？嗯，這真是個好問題。當我提到有台灣朋友告訴我，他公司的兩天員工旅遊其中一天無薪，還要扣一天年假時，兩位英國人猛搖頭地說怎麼可以允許這種事情呢？這不算休假，應該算是工作，太瘋狂了。

英國公司員工旅遊，因公司擴編而取消了

少數英國公司的員工旅遊，通常是飛到鄰近的歐洲城市旅遊。我有個朋友在一間行銷公司上班，公司草創時期只有幾位員工，老闆每年一次會招待大家一起去歐洲旅行。

當時公司只有小貓兩三隻，感情好一起出遊沒問題，但後來公司擴編到快五十人，老闆還是繼續這樣傳統，招待員工旅遊。不過去年他跟我說員工旅遊沒繼續辦了，因為現在公司已經超過一百人，變成大公司了，大家一起出去旅遊已經變成龐大壓力了，所以就取消了。

英國公司活動跟私人時間劃分清楚，個人旅遊不必買同事禮品

我覺得英國公司沒有員工旅遊的福利，是因為英國人公事與私人時間分得很清

楚，休假旅行是私人的事情，通常休假就是個人的休息，不想再跟其他同事攪和在一起，可以遠離跟公司相關的人事物，充分得到放鬆休息。

英國通常每人會有二十天起的年假，相較之下，比起台灣年假少的情況，英國人安排私人旅遊很容易。

如果是公司的團體活動要增進士氣、培養同事間的感情，那就認真地規劃團隊團康活動，促進同事的情誼，不會弄一個不公也不私的活動，半私人半公事地交流。

英國人休假出國旅遊時，不用採買伴手禮送同事，完全不必費心思考慮要買什麼禮物，若是每次旅行都在忙著採購禮物，行李箱內可能有一半都是送人的禮品。更沒有代購的服務，休假就是休假，完全跟工作的人事物切割，頂多到當地超市，買包糖果餅乾帶到辦公室，跟鄰座的同事一起分享。

團隊外出日（Away Day）是很英式的部門活動

在我的辦公室，最長時間的團體活動，就是一整天都不在辦公室的團隊外出日（Away Day），算是最貼近公司旅遊的官方版團體活動了。團隊外出日是一天的活動，如同輕鬆的上班，通常選在辦公室外的一個開會地點，讓大家遠離平常的工作環境，放鬆地討論公事，公事討論完後有團康活動，促進同事感情。

一天的行程是：上午是部門會議，部門總監、財務、各組針對近期的計劃與目標做簡報，平鋪直述的上台報告方式太無聊，近期大家都用活潑的問答或是互動方式進行，一方面防止大家睡著，增進參與感，也在互動過程中，幫助大家吸收內容。

然後下午就是放鬆的團體活動，各式各樣的活動都有，只要有同事提議，預算許可之下，就可以實現。瘋狂體能類的團體活動有大型充氣城堡的衝鋒陷陣挑戰賽、泡泡足球、室內滑雪場溜雪板、室內小型賽車、英式壘球，比較靜態的活動是製作壽司、參觀雀爾喜足球場、參觀英式橄欖球主場地、逃脫密室智力賽等。

參加部門活動，不必看主管臉色，沒有輩分或階級壓力

部門裡的每個人無論年資年齡，從主管到新進員工通通一起參與活動，不論階級輩分一律穿著便服，比平常工作還認真的投入競賽。活動通常都會分組競賽，我的隊友可能會是部門總監，或是要對抗部門總監，比賽時一點都不會手軟，各組公平競爭，大家都只想要贏。

還記得在玩充氣城堡的衝鋒陷陣挑戰賽時，同事看到主管都開玩笑地說打用力

點，偷偷跟我說誰叫他老是給我們很多工作，用力打下去，不會因為他是主管就有所顧忌輕易放水。

活動結束後會宣告當天部門官方活動到此為止，接下來就是屬於下班後聯誼性質的酒吧聚會，大家可以自由參加。很多家有幼兒的同事就趕著回家了，不必顧忌為了公司活動而延長工作時數，尊重彼此的私人時間。

當我開始在英國工作時，就發現英國人把工作跟私人時間分得很清楚，上班時間就是工作，不會做私人的事，下班了就是個人時間。這種想法也應用在公司的活動上，不會有下了班想去約會，但因為公司有活動而產生的內心糾結和壓力。

白金漢宮前，英國女王坐著馬車出巡。

PART 2

當英國上班族，跟我想的不一樣

辦公室英文

Probation

– 試用期 –

名詞

英國企業通常都有新任員工的試用期，辦公室類型的工作試用期通常是一個月到三個月不等，也有半年或一年的試用期。

試用期一定要給薪水，並且至少要有英國法律規定的最低工資。時有耳聞，餐飲或零售店的時薪工作，試用期的薪資給低於最低工資標準，是不合法的。

試用期沒過的第一份英國工作

我在英國的第一份工作只做了三個月，因為試用期沒過。

這個離職原因的真相，我一向是避而不談，事發當時只有非常少數的人才知道詳情。一來是當時自信心打擊太大，再加上好勝的個性，我當然對此事三緘其口，不願告知別人真相啊。

我永遠記得剛找到在英國第一份工作時，開心的心情無法言喻，但離職後卻也憔悴到不知道自己的下一步在哪裡。

即使當時的心情有如坐雲霄飛車般，不過我依然很感謝這個失敗的經驗，讓我快速體會到英國職場文化，更重要的是如果沒有這份工作，之後也不會找到一份真正適合我的工作，可能就離開英國，就沒有英國大冒險續集了。

考驗耐力跟自信心的英國求職之路

在我快念完英國研究所時，才發現我可以申請讀碩士而留在英國的簽證，我心想，

那就來挑戰英國職場吧，看看能不能找到一份工作。沒想到就是這個魔鬼念頭，開啟了我的地獄求職之旅。

我從來沒有寫過英文履歷，對英國就業市場、求職管道、工作能力需求、競爭力……等等相關求職資訊一無所知，我只好「走一步算一步」的慢慢摸索。

先弄好一份英文履歷，上網站投履歷試試，沒有回應，再回頭修改履歷，找出自己的優勢跟工作成就，再繼續投履歷。就這樣一天過一天。

每天努力找工作的生活，真是考驗自信心的底線呀！在求職過程中，彷彿看不見隧道裡的出口，何時才能結束這樣的循環，為什麼寄出的履歷表及面試之後都沒有下文，是我能力太糟嗎？於是開始自我懷疑起來。

我靠著在台灣的工作經驗，得到不少面試機會，但是通常都是第一關面試聊過後就沒下文了。面試的流程通常都是去對方公司，面試官看著你的履歷，請你自我介紹並說明一下過去的經歷，接下來是問幾個專業的問題，都是我回答比較多，面試官問問題而已。

結果我得到第一份工作的面試過程很不一樣，面試官自己講話居多。

現在回想，找到第一份工作的過程真是莫名奇妙

這家公司位在倫敦南方的小城鎮，第二次面試時，我跟人資約好在火車站見面，他開車來接我。我原本以為要去公司，沒想到他跟我說將與主管在四季大飯店面試，他車一開就到飯店了。

我跟部門主管還有人資共三人，坐在飯店裡，喝著英國茶，聊著履歷跟工作。

印象中，部門主管主要是問我上一份工作的內容，我最後一份在台灣的工作是企劃（Planner），大致講一下工作內容。接下來就都是主管在講話，提到為什麼要約在飯店，他們公司的營運、這個企劃職務的工作內容等等，從頭到尾會面時間並沒有很久。

我隔沒幾天就接到人資電話，收到聘書，詢問何時可以上班。我也開始準備找分租房子，一個人搬到公司所在的小城鎮。

公司是小規模的網站設計公司，我不負責網站設計，是做行銷相關的企劃。第一個月整個月都是摸索時期，認識環境、認識公司業務、認識同事。我一直不是很懂誰是我的直屬主管，面試官安妮是企劃部主管，她通常很忙，常常看不到人。我們中間還有一位資深企劃奧里，通常是奧里跟我互動，會跟我交代某個客戶需要做什麼，之

後就不管我，我自己邊做邊摸索。

從短暫蜜月摸索期到留校察看期的三個月

剛開始在英國上班，心情當然是既開心緊張又呆呆傻傻的，不是很清楚公司的規矩，同時也不是很清楚我的業務內容，同事通常都自主的獨立行動，看起來都知道自己該做什麼，在辦公室時有時候很閒，所以我都準時上下班。

我主要的工作就是寫商業推薦企劃書，有點類似顧問公司的角色，英國有不少中小型個體戶企業，面臨了數位網路的轉型，公司的企劃部就是提供建議。但是我從來沒有見過客戶，我做的案子多數都是公司之前接的客戶，而我負責寫企劃。翻過幾份公司之前的商業企劃書，Word 檔商業格式，厚厚的一份，格式跟在台灣之前上班做的不太相同，我就只好依樣畫葫蘆的照抄。

第一個月在模索跟熟悉環境中，很快就過去了，第二個月開始我依然沒有融入的很好，主要是英文語言的隔閡。平常同事間和和氣氣，但是我依然害怕講英文，在交際上有很大障礙。

平靜上班快兩個月後，有一天主管安妮看到了我寫的企劃書，他覺得很有問題，

英文不是很順暢，有一些錯誤。我們聊到我的前一份企劃書，她覺得沒問題，後來才知道是奧里改過我錯誤的英文，將整本企劃書順過了。

有此一狀況後，第三個月我就進入近距離觀察的留校察看期，主管安妮她對我每份工作都盯得很緊，我同時也感受到情況不妙，危機浮現，精神狀況跟著緊繃。

我忍住眼淚，跟主管開最後的正式會議

安妮會安排一對一的工作會議，有一次在會議中除了安妮之外，還有辦公室的另一名主管艾瑪，我們開始檢討近期的工作內容。我心裡覺得怪怪的，為什麼平常沒有業務相關的艾瑪也來參與。我後來才明白，這是英國職場中的正式員工會議，安排艾瑪來負責記錄，會議中的談話都會被白紙黑字記錄起來。

一週後，我們又開了一次會，開會時間剛好是週五下班前，我試用期的最後一天，安妮交給我一封信，信中就是記錄上次開會的討論內容，並且說明試用期的結果，就是今天之後不會再續約，並要我繳回門卡跟公司電腦，下週一就不必再來上班了。印象中，安妮提到很多大環境的現況，例如現在景氣差，公司人事的考量更多，需要能立即上手的員工，沒有多餘的時間跟精力培訓，避談個人優缺點的評論。

老實說，我已經有了試用期可能不會過的這個最壞打算，但當場聽到還是感到非常傷心難過，在現場當然是很難承認自己的「失敗」，眼淚都快要流下來了，只能勉強忍住眼淚，表情僵硬的堅強裝做沒事。

離職後，我每天都恍神恍神的，只想休息放空。我都忘記了過了多久，才開始再度投遞履歷。不過這一次，我了解到要找哪個方向的工作職務，不想再重蹈覆轍，之前的這份三個月的工作經驗，雖然很失敗也很傷神，但之後回顧這段經驗，覺得反而認清不少事實，認清自己本身的能與不能。

我以為我可以在一個誰也不認識的城市生活

當收到工作的聘書後，我一個人拖著皮箱搬到小城鎮去住，就好像我當初來倫敦念書時，扛著行李來到這個新環境生活，但是沒想到，這次到小城鎮去工作，其實跟當初來倫敦時非常不同。五點下班後的生活，完全沒有社交生活圈或朋友，心情上是封閉的，跟剛來倫敦念書時，有不少台灣同學很不一樣。當然在小鎮獨自生活的當下，不覺得有什麼不適，但是後來搬回倫敦，再度重拾社交圈時，才發現到，啊！有朋友一起分享生活真好。

當時五點就準時下班，下班後一個人回到分租房子，煮晚餐、看電視、用電腦，

偶爾去健身房運動，就這樣持續著一個人的生活。包括在公司裡的獨立工作時間，幾乎都是零互動的獨來獨往，這樣的生活狀態說真的是很不健康的。

所以之後回到倫敦熟悉的朋友圈裡，真的有種自在放鬆的感覺，意識到原來之前的我是多麼的孤單苦悶。

我的工作主要用到我最不擅長的技能——英文

英文能力的不足是這份工作做不下去的主要原因，我應徵上的職務，需要大量地使用英文寫正式的商業企劃書。每份企劃書售價金額都不低，所以即使我有好的想法，公司也無法販售字句不通順且文法錯誤的商業企劃書給客戶。

我在應徵時不瞭解這是主要的工作內容，主管可能自己也沒有意識到這個問題，於是導致最後缺點畢露無遺。

這個經驗帶給我深切的認知，之後我找下份工作時，避免找需要使用英文為主要技能的工作，我轉而尋求以其他技能，例如數字分析、後勤等，技術面為主的工作。

同時我抱著正面想法，第一份工作的結果雖然不如預期，結局很慘痛，但也是很

好的學習經驗。不代表在國外的就業生涯因此被否定，只是遇到了不適合自己的工作，我還是有其他的專長可以發揮。

下個工作會更好，找到適合自己且能發揮的工作

好險我有之前三個月的收入，可以繼續支付我在英國的生活，但不知道下份工作需要多久才能找到，內心依然不安，不過我至少已有了英國職場的經驗，比起最初，已經不再是一張白紙了。

我的下一份工作，只用了找第一份工作一半的時間，三個月就找到，馬上就開始上班了，而且在這家公司一待就是十年。

有時候我覺得命運的安排很巧妙，我下一份工作，在升上主管的第一個任務，就是要讓某位組員認知到他不適任這份工作，請他離職或是另謀內部其他職務。我心想，這不是重複我先前剛經歷過的事情嗎？只是這次角色不同，換成我要扮演另一方，也因為我有切身的經驗，相當了解程序跟過程，所以該說是命運作弄人嗎？

英式莊園的後院有一個大湖。

辦公室英文

Restructure

– 組織改組 –

動詞

英國企業常會進行組織改組，包含調整組織架構圖、人力資源調整、流程改變，目的是讓企業運作提高獲利跟節省成本。因此對上班族來說，直接的衝擊常是縮編跟裁員。

2 靠緣份找到在英國的第二份工作

如果不是我最好的朋友，我應該也不會去應徵這份工作，更沒有想到之後就在這家公司工作了將近十年。

經過第一次一個人居住在小城鎮的適應不良之後，我只打算找在倫敦市區的工作。某天接到人力仲介的電話，英國某家大型零售商裡的電子商務部在應徵數位行銷關鍵字人員，但是地點是倫敦近郊的城鎮，我本來打算直接拒絕非倫敦的工作，不過聽到這城鎮名字，突然想到有位好友正巧住在那裡，我想好吧，那就丟履歷試試看吧。

沒想到第一次面試通過後，就一路過關斬將，最後拿到聘書，於是再度開始我的英國辦公室生活。

我認知到不是只要找一份工作，是要一份適合我能力跟專長的工作。

記取上個工作的教訓，這次的工作是比較著重在電腦能力，不需要重度使用英文跟客戶溝通。

到華納哈利波特影城參觀校長辦公室。

在英國的職場，大部份工作時間都沒人會管你，意思是自己獨立作業，主管不在乎工作中的細節，自己要知道該做什麼事，了解職務關鍵績效指標，有問題要自己去問主管跟同事，大家再來討論溝通。

領悟到英國辦公室的工作文化後，我這次常主動找主管討論，告知工作進度跟內容，甚至提出改進意見，主動出擊來建立良好的工作關係。主管通常都不會反對，只要是在權限內，都會接受各種建議並鼓勵多去嘗試。

我就這樣平順地過了三個月，這期間還得過每週最佳員工榮譽獎，工作也漸漸有了成就感，但是辦公室裡的變化不定，讓人還是不敢輕易鬆懈。

部門改組震盪中，幸運的升職為經理

隔了幾個月，部門大震盪，主管跳槽了，而公司也進行裁員縮編，將部門改組，砍了將近三分之一的人員，每個人都需要重新申請原來的職位，再經過面試，確認可以得到原本的工作。

我在這波改組中，被任命為經理，好處是多了原本沒有的福利，包含薪水齊頭式的跟進到經理層級的薪資水平，加薪這件事是從來沒想過的。不過開始當上經理一職後，才認知到肩上的責任跟薪水完全是成正比。

面臨的挑戰除了得快速了解之前沒有經手過的業務之外，另一件大挑戰就是帶著六個英國人的團隊，這是我職場生涯中，第一次成為正式的管理者，這跟大學裡當社團社長帶團隊完全不同，管理的技巧也只能靠自己摸索。

第一個挑戰是「搞定組員特殊狀況」

在我升官後，我原本的同事變成我的組員，同事大多都欣然接受，唯有一位同事感到有點忿忿不平，之前我完全沒有察覺到他想晉升的野心。他已在公司多年，一直表現良好，也非常有自信，認為自己已經準備好成為經理。但幸好他並沒有給我太多

刁難的狀況，我就照常分配工作給他，讓他多點空間自己做事，沒多久他就另謀高就，主動離職了。

另一個比較複雜的狀況，是要讓某位組員了解到自己的不適任，這件任務牽扯到跟多方單位的過程討論，包含人事、我的二位資深主管、還有這位組員。我指派明確的任務給這位組員，但是他沒辦法處理好，我們一起探討原因跟經過並設立目標，結果還是無法達成。最後他自己了解這份工作大概是不太適合他的，且他同時看到公司內部其他職缺，就去應徵他認為更適合的職缺了。

基於我上個工作的經歷，我對於處理這類不適任的人事狀況，自己常常上演著內心戲小劇場，但當然檯面上隱藏的很好，裝鎮定跟專業的就事論事，盡量不讓對方覺得是個人的缺失造成的。

除了這些特殊狀況外，我還得摸索著英國的管理文化，例如一週一次的小組會議、定期的個別組員一對一會議、工作分配跟專業話術、溝通與協調方式，幸運地是組員們都滿挺我的，讓我們的合作非常順利。

第二個挑戰是「英文溝通」

成為經理之後，需要跟很多內部和外部單位協調溝通，有很多會議要開，頓時講英文的機會增加了！以前在基層時，只要專心做自己的事情，用email往返連絡即可，相當安逸。英國辦公室文化裡，適時發表意見來建立個人形象是很重要的，要避免過於沉默和沒意見，所以我開會時腦袋都不停的一直轉，努力找有意義的關鍵點，發表我的意見來參與討論。

然而，我很怕看到對方「認真聽我說話的表情」，專心的神情看著我，頭往前傾一點，耳朵豎起來認真聽。看到這樣的表情時，我不知道為什麼反而會頓時信心大減，知道對方沒聽懂我的英文，心一慌，英文說得更不順了，所以我好怕看到這種認真聽你表達的神情。

我很感謝我的主管跟同事會體諒我是「外國人」，來自英文非母語的國家，對我的語言要求比較包容。在溝通與表達中，看重的是我的想法跟意見，不是英文口說的漂亮程度，同時我也了解自己英文的不足，多少也阻礙了我想表達想法的精準度。

私下同事聽我說英文，被我的奇怪語調逗得呵呵大笑

印象中有一次很糗但還是得硬撐的場合，我舉辦了一天講習課，全組人員到辦公室外，聽工作相關的產業新知。我在活動結束後，要做當日的總結，我站在台上，對著十位英國同事講著當日的感想，由於現場的場合是輕鬆歡樂的，並非像在辦公室開會那般正經嚴肅，所以我發現台下同事不時對我呵呵笑，我想是因為我的英文口說語調很有趣，才讓他們覺得非常好笑吧。

我意識到我的口說問題是口音太重，不是文法問題，導致對方聽不太懂，我的貴人主管也建議我找相關課程，加強英文的口說部分。我研究一些英文課程資訊，決定去上英文口音矯正課，加強發音練習，減少中式英文的口音。

在這口音矯正課中，我學到幾個方法，快速幫助我在緊張時即時調整發音法，之後當我又看到「認真聽我說話的表情」時，會馬上在心裡告訴自己：深呼吸、張大嘴巴動舌頭使發音更到位，慢慢說、說清楚。

第三個挑戰「銷售旺季的業績壓力」

身處零售業，聖誕節銷售檔期是最重要的業績生死戰，公司一年的營運成敗都

哈洛德百貨公司裡著名的熊。

是靠聖誕節銷售這八週檔期，我仍然記得第一年邊要熟悉業務，邊要達到業績目標的壓力。

我負責電子商務部的數位行銷廣告，以關鍵字廣告為主，並與互聯網跟比價網這兩個數位行銷管道合作。首要任務就是先整頓例行工作，例如訂立關鍵績效指標、設立數位廣告成效日報表、製作網站流量週報表、開組員週會、參與部門溝通會議、解決IT相關問題。

由於我還是個菜鳥經理，很多事情都零經驗，只好自己摸索狀況，發想哪些事情得做，需要什麼或缺少什麼，其他協力單位預期什麼，該如何讓組員有向心力……等等疑難雜症。

每天短打的追求旺季銷售業績跟成效

摸索期過了沒多久，聖誕節檔期就到了。我負責的項目大概分為兩部份，第一部份是跟公司內部相關單位的溝通，要了解聖誕節銷售的檔期計劃跟熱門銷售商品。另一部份就是執行、分配廣告預算、刊登這些熱門銷售商品，並登出正確的商品售價。

這些工作聽起來很清楚明確，但是實際上每天都有新狀況，每天都得應付各種變化。例如每天商品部都會審視前一天的銷售業績，並監測競爭對手的主打商品，然後回應市場，進而調整我們商品的售價或是檔期計劃。

我的任務就是了解最新的商品計劃，確認組員知道新的正確訊息，依此調整廣告內容。在此同時，我也需要每天回顧前一日的數位廣告績效、調整預算，撥多點預算給表現良好的廣告，投資報酬率差的平台跟廣告要立即刪減預算。

聖誕節前除了要執行當下的數位廣告，還得先規劃好聖誕節後年終折扣的行銷，畢竟聖誕節時大家都放假，會臨時找不到人處理跟調度。

我就這樣戰戰兢兢過了八週超級戰鬥週，連聖誕節放假期間，仍在家裡盯看廣告表現，好險整體的業績跟廣告報酬率都不錯。

跟總裁報告超支的廣告預算，好緊張

就在一月開工之後，發生了件驚悚事件。部門的數位行銷預算是財務部負責計算，每個月會跟我說這個月編列的預算是多少，我就依此預算規劃廣告支出。沒想到一月開工後，財務部在複核數字時，跟我說十二月的廣告預算多算了一百萬英鎊，我當然全都花掉了。我的新主管威廉剛上任沒多久，第一件大事就是處理這消失的一百萬英鎊廣告預算。

記得威廉跟總裁報告聖誕節的廣告成效前，我們準備了好多資料，解釋預算、執行案例跟廣告報酬率，威廉也想好對策，後續該怎麼減少開支來彌補多花的一百萬英鎊。沒想到，威廉跟總裁開完會後說，我們準備的資料根本都沒用上。

總裁看到整個聖誕節銷售檔期業績很好，廣告投資的報酬率高，我們徹底打垮對手，這多花的預算是值得的，對照開會之前的緊張情緒，頓時大家都鬆了一大口氣。

經過了這次聖誕節旺季銷售大考驗，雖然當時壓力很大，同時也覺得大風大浪已經體驗過了，應該也沒什麼挑戰好害怕的了。

PALACE RD
come and find
us on the

英國知名卡通人物：

「帕丁頓熊」、「彼得兔」跟「酷狗寶貝 Wallace and Gromit」。

辦公室英文

Comprehensive Interview Questions

－情境式狀況面試題－

名詞

在英國職場面試時，情境式狀況題是很普遍的面試方式，請面試者針對工作中的某個狀況，給予真實的例子，闡述當時如何應對該狀況，最後結果如何。面試官採用情境式狀況問題，目的是要從實際例子中，挖掘面試者的個人特質，清楚對方的邏輯架構以及專業能力。

3 嚴格又天馬行空的面試難關

還記得第一次要招募組員時，我有點不知所措，以往只有面試的經驗，現在換成要當面試官，有點緊張，不確定要問什麼問題，該用什麼標準評斷應徵者。

求救人資經理，他給我一份公司面試題庫，將近二十頁的文字檔，我就挑著相關的問題問，並請他跟我一起面試應徵者，我問問題、他做記錄，事後兩人一起討論感想。經過幾次當面試官的經驗後，才比較自在些，有時候我真的拿自己沒辦法，自己求職面試時緊張，角色互換當面試官也緊張。

英國求職得先過關斬將才有面試機會

求職面試從來都不是件容易的事情，面試官總是有千奇百怪的問題，有時候覺得自己面談的表現很爛，但卻接到人資聯繫，進入下一關。有時候覺得相談甚歡，卻是謝謝再聯絡。面試好壞與否，很難說的準，雖然知道表現要沉穩、態度要從容，但在執行上總是困難。

柯茲窩 (Cotswolds) 是英國的鄉下，美麗的鵝卵色石砌屋。

我在英國找第一份工作時，面試超過三十個，都只有經過第一關而已。剛開始完全不熟悉英國求職跟面試的方式，一次一次的面試中，慢慢熟悉跟了解英國人的方式。後來角色互換，當面試官之後，有天恍然大悟，啊！原來英國人的思維是這樣。

在英國找工作，需要仰賴人力仲介公司，很多英國公司的人資部，都外發給人力仲介（獵人頭）幫忙找新職員。如此一來，等於是要多過仲介公司這一關，先被人力仲介選上後，才有機會將履歷轉給徵人公司看，之後才有面試的機會，就是層層關卡呀。

基本流程就是在搜尋網站搜尋職缺，相關的求職網站會有職務廣告，這些大都是不同的人力仲介網站刊登的，可以直接在求職網投履歷。英國有很多求職網站，沒有一家獨大的情況，有些是綜合類的職缺網，也有針對產業類別的求職網。

擁有一份超神履歷是求職第一步

要突破競爭重圍，首先要有一份超讚超精確的履歷（Curriculum Vitae 簡稱 CV），**不必交代祖宗八代的自傳，更不用附上大頭照，履歷就是直接單刀直入，條列式個人相關工作經歷、豐功偉業，加上具體化的例子跟數據。**

我有幾次在求職面試現場，面試官才當場急急忙忙快速掃瞄我的履歷，我雖然心中不爽快，臉上依然得面帶微笑。我後來面試新人，事先看履歷時，通常會先找關鍵字，履歷中有沒有提到符合目前職缺所需的工作技能。

我同事亞當認為，只要履歷中有提到重點的關鍵字，看起來符合工作需求，就可以約第一次面試來聊聊。畢竟履歷只是平面包裝，將求職者包裝成看起來有一些能力，可以從事這份工作而已。

刁鑽情境式面試題，要挖掘面試者的真面目

我跟主管威廉一起面試新人時，我們講好他演壞人，我扮好人。我是一路笑臉，給面試者溫暖跟鼓勵的眼神，威廉他是直接扳起面孔，犀利詢問難題。公司有一套依職務階級的情境式實戰狀況題庫，我們就挑適合的問，再依照面試者回答的內容，窮追猛打問細節，來判斷這個人的特質、實際工作貢獻跟積極度，相當殘忍跟嚴格。

我們最常問的情境式面試題目包含：

- 請告訴我一個例子，當你發覺一個商業機會，如何提案以增進公司銷售成績？請問當時是怎樣的情況、你當時怎麼做、結果是什麼？
- 請告訴我一個例子，你如何跟刁鑽的工作夥伴或是主管溝通？當時是怎樣的情況、你如何處理、後來事情發展如何？
- 請告訴我一個你如何克服困難及面對挑戰的例子？為什麼它很困難？你如何克服這困難、從這事件中你學到什麼？
- 你如何清楚明確的跟別人溝通，並確認別人了解你傳達的訊息？

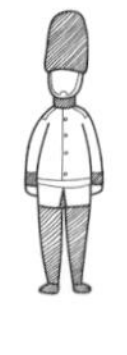

以上都是想要挖掘面試者個人特質跟做法的情境式狀況題。

當求職應徵遇到情境式的面試題時，其實不難回答，只要照 STAR 這個準則即可。**STAR 是英國求職指南必教的法則，S 是 Situation 狀況，T 是 Task 任務，A 是 Action 行動，R 是 Result 結果。**當面試時被要求舉例子來說明狀況，只要照著 STAR 這四個步驟依序闡述，通常就可以清楚表達，並且散發出「我的思考很有條理」的特質。

英國面試也會有天馬行空，不知從何回答起的面試題

同事亞當的部門在應徵新人，人資安排了一場面試，但是他剛好湊巧休假去了，於是我代打幫他面試組員。

他給了我一個面試題庫檔案，裡面包含他最喜歡問的問題：請問海德公園有幾棵樹？

這個有點抽象的問題，實在是考驗面試者的沉穩性質，還有快速的邏輯推理能力。答案的正確性不是太重要，可能也沒人知道正確的答案。我也暗自想了一下，如果我在面試時被問到，不見得可以應對的很好。

另一位同事詹姆士就對這題海德公園有幾棵樹，有相反的意見，他翻白眼的對我

夏天到英國海邊戲水。

說，問這題很不實際呀！我寧願問貼近我們實際工作的題目，例如請估計某某商品的市場規模大小。

其實兩題回答的道理都差不多，我覺得都是不太好回答的創意題。只是估計商品市場規模比較不抽象，有邏輯依據來推理，也比較沒那麼天馬行空。

謙虛不是英國職場文化，要勇於表達

我發現在英國的職場文化裡，履歷不能含蓄，面試不能謙虛，豐功偉業要大寫特寫，千萬不要客氣。即使只有六分把握，也要有自信、不動聲色地堅定表示我可以。但是吹牛也不要吹太滿，因為如果遇到刁鑽複雜的情境狀況題，對方會一直要求你提出實際例子並詳細說明，想辦法搓破你脹氣的牛皮。

我同事詹姆士通常採用「笑裡藏刀」面試法，輕輕鬆鬆、和和氣氣的跟面試者聊天。會請面試者介紹之前的工作經驗，以及自己的特色。或是請你聊聊當你遇到奧客時，當時是什麼狀況，而你怎麼應對。

面試者一定沒想到，眼前的面試官才是奧客，面帶微笑但是心中早就打好分數，該讓面試者出局還是進入下一關。

老實說，這背後有很多面試者猜不到的用人考量，或許

柯茲窩美麗的水上波頓。

你技術面強，但是溝通跟提案能力有待加強，今天面試的公司可能認為溝通提案能力比技術重要；但是明天要面試的公司，可能正巧相反，認為技術能力為優先考量，其他則是其次。

徵人像找情人，寧缺勿濫也不要濫竽充數

偶爾聽到資深主管說：人好難找，面試了好多人，沒有非常適合職務的人選。好不容易在第一關面談時，覺得某位人選不錯時，但是卻在第二關筆試案例分析時陣亡了。

我覺得公司找人的條件都蠻嚴格的，每個職務都列出至少要符合三、四個條件以上。老實說，要找到全部都符合這些條件的完美應徵者，幾乎不可能。在看過幾輪履歷，面試幾位人選之後，都得重新思考徵人條件，看看哪個條件最必要，還是要重新調整職務跟組織架構，才能補到人。

主管的態度是慢慢找，寧願找到適合的，也不要快速的找錯人。寧願這幾個月主管自己辛苦點，多分擔一點該職缺的事情，堅持找到能勝任該職務，且能融入團隊中的最佳人選。

曾經部門內有好幾個職務，空缺了至少半年以上，主管面試無數人，但就是一直沒找到經驗跟個人特質都符合的超完美人選。最後當聽到找到人時，不相關的我，心中也不禁為他們喝采啊！終於找到人了呀！

千金難買早知道的隱情

當職缺一直很難找到人，這時候就是內部員工升遷或是加薪的好機會了。因為職缺空著，事情仍然得有人做，自願多做些事，等於是表現的最佳時機，表現有意願也有能力應徵該職缺。對外人才難尋的狀況之下，跟資深主管談一談，也許機會就是你的了。

市面上的求職教戰手冊都會教，寄出履歷或是面試後，要勇於跟人資聯絡，回覆一封感謝信，詢問後續進度跟回饋。

我們面試後一定會回饋給求職者，告知對方的哪些特質符合我們的期望，哪些條件可能不夠，讓我們有些疑慮，但一定不會針對人，而是針對這個職缺的需求來評比。

但以我的經驗，少有求職者這麼勤勞地跟人資聯繫，然後又因為積極聯繫這個因素而應徵上。因為決定的人是該職缺的主管，而不是人資。主管通常在面試後，大致

上心裡就已做了判斷，會不會聘用這名面試者，人資通常也不太會跟主管反應該求職者的後續反應。

除非是同時有兩位求職者都很優秀，很難決定哪位人選，這時候人資的意見就很有用了。人資會用他跟求職者聯繫的觀察跟感覺，哪位態度較好，哪位感覺對該職缺的意願度較高，我有一次招募人員就是依此作為考量，來決定人選。

不過這些細節，求職者完全都不知道，所以對找工作的人來說，千金難買早知道，還是照最佳教戰手冊行事，有機會就表達強烈意願，為什麼想來這家公司，為何對這個職務有興趣，這是超級無敵重要的關鍵呀！

英國人喜歡夏天在自家院子裡聚餐。

辦公室英文

Performance Development Review

－ 績效及發展回顧書 －

英文縮寫 P.D.R.

名詞

這是英國企業常見的人資制度文件，在每年會計年度開始時，員工跟直屬主管共同討論與訂定這一年的工作目標，以及個人想發展的技能。會計年度結束後，雙方再一起檢討回顧過去一年的績效，類似考績評估。

4 利用打考績的機會，圖謀轉職卡位

在英國工作多年，體驗許多英國職場的文化跟觀念，顛覆不少以前在台灣工作時的認知，讓我重新思考職場文化差異與因應做法。我的觀念改變很多，從原先被動消極，到現在積極進取，就是因為英國職場考績評比的做法，英文正式名稱是「績效及發展回顧書 Performance development review」。

在台灣時常在年終時看到公家機關考績評分分紅的新聞，當然也有分紅不公平的爆料。我在台灣時都在私人機構工作，印象中沒有遇過要打考績的情況。

在英國上班是第一次遇到考績這事情，程序是先填寫績效及發展計劃書。會計年度剛開始時，跟主管討論好今年的工作目標，一年後再跟主管檢討這些目標的達成狀況，這就是打考績的意思。

公司除了回顧書，也有一份「個人發展計劃書」（Personal development plan），依據績效需要的能力，還有個人想要加強的工作技能，訂定項目，確定職場生涯的方向。

辦公室裡有一整片的落地窗戶。

我對個人發展計劃書，最初是抱持形式化的態度

我的第一位主管對這些文件很不在意，年初我們並沒有好好地討論我的工作職責跟目標，因此我也就公式化地在年底列出我這一年的工作成果，簡單回顧後，就將檔案關上，好像跟我毫無關係。

開始將考績當一回事，是公司文化開始轉變、重視起個人工作成效回顧的時候。不過當時我的心態只停留在認真寫寫這份文件，並不覺得對我的職涯發展有什麼真正的關聯。看到有部門同事，準備年度回

顧討論會，將相關的工作績效印出紙本，做成一本厚厚的檔案，要帶去給主管看，我整個嚇呆了！心想有必要這樣嗎？這樣做的意義在哪裡？

我開始認真思考這些計劃書跟我自己職涯發展的關聯性，是因為部門來了一位新總監。十五年前，他從同家公司的店面銷售店員做起，一步一腳印的往上爬，在總公司擔任產品經理，多年後已成為電子商務部總監，之後仍繼續往CEO之路前進。

他娓娓道來自己在公司內部十五年發展的故事，激發了

我的新看法，自己的職涯自己負責，公司裡有不少轉職機會、有不同專長的同事、合作密切的主管，何不運用這些資源，幫助我的職場生涯更上一層樓。

寫回顧書跟個人發展計劃書，是幫自己更了解職務目標及專長，並檢討有無需要改善之處。這是一份工具文件，寫下想在這年度做什麼，任何事情都可以寫進去，幫助自己跟主管溝通，並且跟主管要求需要的協助與資源，包含討論現在的弱點，將不足之處化危機為轉機。盡可能的從公司內部提供的訓練課程，找尋機會來激發更多的可能性，多多嘗試來幫自己進步。

個人轉職的過程，原來轉職也可以正大光明跟主管討論

我有一個轉職的曲折故事跟大家分享，轉職的過程繞了一大圈讓我瞭解到，我不必自己偷偷摸摸地做轉職規劃，可以光明正大的跟主管討論，趁機在公司內部卡到想要的職位。

當時我在數位行銷部門已經工作幾年了，想換個領域到商品企劃單位，我就自行投遞履歷，找到其他公司的商品企劃職位。收到錄取通知後，跑去向主管辭職，結果他說我不知道你對商品企劃的工作有興趣，現在部門剛好有商品企劃新職缺，我們可以討論這個機會。結果在有限的時間內，我得在原公司新職務跟新公司的工作機會兩

者做考量，最後選擇留在原公司原部門，但轉換到商品企劃這新職缺。

有這次經驗之後，我領悟到職業生涯規劃不一定要偷偷進行，有時候工作發展的機會就在轉角，但是如果沒讓主管知道自己想另外發展的想法，他可能覺得你安於現在的工作。於是個人發展計劃書就是很好的機會，藉此開口跟主管討論下一步工作發展與晉升的可能性。

「心誠則靈」是如何善用個人發展計劃書的準則

公司提供的績效跟發展回顧書有制式的項目，第一部分是跟公司業務相關的目標，包含今年工作的職責是什麼？一定要寫的大項是達成部門多少銷售業績，白紙黑字賴都賴不掉。有了這個目標之後，接下來是該做什麼事情來達成這目標，評估的方案是什麼，最後年終回顧時檢討達成結果。

這些項目看起來很制式，但卻是在工作中成為保護自己的完美方式。為了寫這份文件，一定要跟主管討論，知道他今年需要我達成哪些工作目標，我的職務需要做什麼事情，我想要完成什麼計劃。才不會工作到最後要看成果時，他覺得我某方面沒做好，但我卻從來不知道主管原來希望我做那件事。

英國超市的自動結帳機器。

計劃書的另一部份是關於個人的能力改進計劃。自我審視並寫下你個人的專長、技能，想要改進的部份，該怎麼改進，具體的辦法跟時間點。

這個部份我覺得完全就是「心誠則靈」了，意思是如果願意誠實公開自己的缺點，覺得主管值得信任，可以開誠佈公的跟他討論，要求給機會跟時間慢慢增進某方面的個人能力，倒是可藉此機會，運用公司的公共資源，改善個人的能力跟專長。

這幾年我的改進計劃，都繞著個人溝通能力跟工作影響力這兩項。由於英文不是我的母語，

COMMERCIAL
SERVICES
CONNECTIVITY
COMMERCIAL FINANCE
CSG
UK ONLINE
MARKETING
CANTEEN
COLLEAGUE SHOP
GYMNASIUM
THE GARDEN
MERCHANDISING CENTRE
LEGAL

辦公室的部門指示牌跟公共區域。

有時候在表達上結結巴巴的，語意不完整，尤其在做簡報提案時，更需要加強發揮個人魅力。知道這些是我該克服的問題後，在例行性跟主管的單獨工作討論會時，主動詢問現在有沒有哪些機會可以讓我從工作中練習。我也獲得優先報名公司提供的提案說話術培訓課程，完全省去我自掏腰包報名外部課程的八百英鎊費用。

「成果偶而超出設定目標」是績效中的平均分

績效跟發展回顧書，不免俗地主管在年終一定要評估員工成果，雖然文件的成果內容大部分都是自己寫的，主管還是需要評分。公司的主要評分是分為四種：

最低分：成果遠遠低於設定的目標

中等分：成果達到設定目標

平均分：成果偶爾超出設定目標

滿分：成果完全超出設定目標

評分結果跟年終獎金的比例有關，但四個等級其實並沒有差很多，大部分的同事都會得到平均分。部門內的資深主管們會在年終時開主管年會，討論各部門每位同事的績效，也算是分配一下考績評分。我覺得公司是期望員工的表現至少要偶爾超過設

定的目標，如果只是達到或是低於目標，感覺在工作上比較沒有什麼特殊貢獻，在下個會計年度的組織改組計劃中，職務就可能不保了。

我在公司這麼多年，只有聽過兩次最高分跟最低分的八卦。得滿分的同事一個人獨撐應該是三個人的小組工作好幾個月，負起重責大任，獨自應付難纏事項，得到最高分的獎勵。另一位同事得到最低分，主要是他的主管認為他有好幾次嚴重人為失誤，於是就給了低於標準的評分，但這位同事非常不認同，沒多久就另謀高就了。

利用跟主管例行會議的機會，運用關係先卡位

英國辦公室文化中，很重視跟主管一對一的工作討論會，會議的討論內容廣泛，公事、個人想法、疑慮都可以談，算是跟主管「搏感情」的交情建立時間。我通常都會跟主管報告目前手上事情的概要，或是有什麼事情需要他幫忙喬一下，如果哪項工作內容我有一些疑慮，藉此機會跟主管報告打個預防針。接下來，我會問他還有沒有額外的事情要交代？工作進度表現可以嗎？順便要求對方給予一些建議反饋。

有時候我會聊到我對過去這一季的工作感想及個人期許，還想要做哪些事情、未來發展的方向。這時候就藉機提到個人發展計劃書裡的未來目標了，三不五時回顧一下，計劃書才不會像是沒用的檔案跟白日夢而已。

另一個好處是經常跟主管提醒加洗腦，我下一步的職涯規劃是什麼，我想要往那方面發展，若有同事離職或人事異動的空缺，主管需要調度分配人力時，就容易優先想起你，應許你的發展願望。在一切異動還沒正式公告前，先喬好，換句話說，有點「運用關係先卡位」的意思。

英國職場文化是「謙虛不是美德，有野心大聲講」，沒人會感到奇怪，讓主管知道也不見得是壞事。誠實面對自己，比主管更積極投入，告訴他我想嘗試這個機會，他擋也擋不住，就會順水推舟了，自己要對自己的職涯發展負責。

我最近在公司內部轉換職務內容，就是從一對一的工作討論會開始潛移默化慢慢成形的。

我對於原有的職務已經有點厭倦，但深知自己在這個環境還有發展跟學習的空間，自知短期不會換公司，就開始跟主管提出我對另一項工作職位有興趣，我有閒暇時也想做做該職務相關的事情。主管了解我的想法，但沒有承諾具體項目，幾個月後，同事間有人事異動，我得以有機會改做我有興趣的工作，把我手上已穩定上軌道的工作交接給另位同事。

對於主管，他省去人員離職再招募新人的狀況，這樣檯面下的人事調整，反而是皆大歡喜的雙贏局面，這的確是我當初在英國上班時，沒有預期到的文化差異。

開個會桌上滿滿的東西好熱鬧。

PART 3

英國上班族專屬的好福利

辦公室英文

I am off.

－我要走了、我要離開了－

當英國人要下班或是要離開一個地點了，I am off 是普遍的口語說法，表達我要走了，離開這個地方。

I am off to work.

－我要去上班了－

當句子 I am off 加上 to 某個名詞，表示我將要去做這個名詞。I am off to work. 就是我要去工作。I am off to London next week. 就是我下週將要去倫敦。

英國會加班，但也準時下班

英國體育盛事「2012 倫敦奧運」。

我在台灣從事數位廣告的朋友瑪姬，到英國倫敦的辦公室交換工作兩個月，我詢問瑪姬他對英國與台灣辦公室文化差異的感想，瑪姬立即回應：有耶，在英國上班很不一樣。

第一個感受到的明顯差異，是上班的時間跟氣氛，英國辦公室的同事們都很早就上班了，早上九點不到，辦公室就幾乎坐滿，跟台灣廣告公司早上十點後，同事才漸漸進辦公室的作息，明顯不一樣。

英國的辦公室大概下午五點時，就開始有人說明天見下班去。六點，辦公室就空盪盪，只剩下小貓兩三隻。而台灣辦公室，到晚上九點都還燈火通明。

工作氣氛緊湊，進辦公室就立即進入備戰狀態

隱藏在上下班時間背後的，是工作的戰鬥氣氛。

我的辦公室也是這樣的情況，通常同事一進辦公室，簡單跟同事短暫打聲招呼說早安，就馬上坐下來開始工作了。有時候，一進公司就直接去開會，沒有閒聊的機會，或是放空恍神的狀況。

想要泡茶、喝咖啡的同事就默默地去進行，不會呼朋引伴。公司的餐飲部有販售早餐，想吃早餐的同事，安靜離開去買早餐，可以在餐飲部或是帶回座位，快速地吃完。

這樣快速地進入工作狀況，讓從台灣來英國上班的瑪姬感到很佩服，通常在台灣的辦公室，常常需要花半小時讓大腦開機，緩慢地進入工作情緒；相反地，在英國辦公室是立即就戰鬥狀態。

我觀察英國上班族會這麼緊湊的主要因素是工作太多，但又想要準時下班，怕做不完，只好在上班時把握每分每秒，趕快做正事要緊。

準時上下班的背後是無形的工作壓力

當週遭每位同事都這樣集中精神工作，上班時就少有廢話式的閒聊、沒時間刷臉書、掛在即時通訊軟體話家常、團購訂飲料跟便當，頂多交換幾句八卦，快速倒茶、喝水、上廁所，一整天都在和時間賽跑，腦袋想的是如何把重要的工作，用最快速又有效率的完成。緊繃工作、壓縮效率，所以到了下班時間時，也累癱了紛紛關機走人。

這聽起來好像是理想員工的典範，實際上，在英國辦公室裡想要生存，除了有無形的壓力，而且事情真的很多，感覺永遠也做不完；同時看到同事都很拚，彼此很競爭，當跟你類似職務的同事，拿得出工作績效，講得出優秀成果，在這樣的工作壓力下，你也只能捲起袖子一起拚下去了。

公私的時間平衡，不讓工作吞噬生活

另一方面是在**職場文化上公私較分明，並且重視生活品質跟個人的時間**，少有人願意犧牲個人的休息時間，全部奉獻給工作；同時老闆自己不加班，甚至會趕人回家，當辦公室沒人加班，大家都重視生活與工作間的平衡（Work and life balance），不讓工作占據了整個生活，就少有加班的情況了。

網球選手在溫布頓場邊為球迷簽名。

有家庭跟小孩的同事，會有接小孩下課跟準備晚餐的時間壓力，英國都是小家庭制，很少有祖父母幫忙顧孫子，托兒所跟課後輔導最晚到六點就結束了，家裡有小孩的同事就只好趕著下班去接小孩。

如果需要加班，大多在早上加班

某天早上我八點半到公司，看到同事克里斯已經埋首在電腦螢幕上的表格多時，抬頭看我時眼冒金星，問候一下才知道，他今天早上不到七點就進辦公室加班了。

在溫布頓球場看球王費德勒比賽。

我們通常工作很多，做不完但有時間壓力時，加班就難免發生。同事間是不會集體加班，如果有事情做不完，通常都是提早進辦公室完成，或是帶回家晚上在家做。

英國人都習慣早睡早起

我認識的很多英國人都是習慣早睡早起，夜貓子的生活型態在上班族不普遍。我猜測是因為英國的夜生活其實很少，夜貓子活動的選擇不多，大部份的店家都關了，體力也不如年輕人可以每天外出聚餐跟喝酒。不曉得是不是因為這樣的生活型態，導致晚上十點左右都會就寢，當然就會早早起來上班去。

我觀察我的部門，通常上班時間前二十分鐘，辦公室大概就坐滿五成了，只有少數趕著最後一刻衝進門，公司並沒有正式的打卡文化，上下班時間只要不要太離譜即可。

這樣的職場文化，跟我在台灣上班時的認知完全相反，同事間感情好會一起買晚餐，吃完後繼續加班，通常回家時間晚，隔天早上都爬不起來上班。因此我來英國後，緩慢地改變生活型態，現在也跟著早早睡覺、早早起床。

晚上雙螢幕加班，邊看電視邊收公司信件

晚上在公司加班是不被鼓勵的行為，但是有時候還是在晚上回家晚餐後，打開筆電繼續趕報告或是收信看郵件。通常晚上在家加班做的事情，是比較輕鬆簡單的，不需要太耗費心力的事情。

例如報告的收尾工作，當下班時間到了，報告還沒寫完但又快完成了，剩下的最後的調整工作來不及做，只好晚上回家加班做。很有可能是雙螢幕下進行，一邊看電視，一邊用筆電加班。

在英國上班，也是有加班的可能性，只是多些人性化，避免長時間待在辦公室，換個方式或場合，彈性一點地加班處理公事，強調工作與生活間的平衡。

辦公室英文

Health and Safety

－健康跟安全－

名詞

英國的公共場合非常注重健康跟安全的措施。政府於 1974 年訂立工作與學校場合的健康跟安全法案，包含雇主與員工的責任、相關訓練與教育、督導、意外通報流程……等等相關規定。

2 生病了，請不要來上班

英國人在辦公室都不生病？

在英國辦公室，如果你想要得到每位同事無止盡的關懷，唯一機會就是在生病重感冒時，還硬撐著身體進辦公室上班！

印象裡，我很少在公司聽到鄰座同事感冒酷酷嫂咳不停，或是哈啾的擤鼻涕，衛生紙堆成小雪山，難道是因為英國同事都不生病？

其實是因為在辦公室生病的同事，通通會被勸退回家休息。

就算勉強來上班，也知道會被勸退，所以同事生病感冒都有自知之明，通常就自動在家休息，不硬撐著身體來辦公室。

生病了被勸退回家休養

我剛在英國工作時，當然不知道這個潛規則。生病感冒了，理所當然地繼續進辦

公室上班。衛生紙用的兇，一團一團的雪花，還有酷酷嫂的聲音，招來路過的同事的關心，How are you? Are you ok? 你還好嗎？不時投以憐憫的眼神看著我。

再經過好幾位同事的關懷後，每個人都跟我說就回家休息吧、早點回家吧，聽過好幾遍婉轉勸導，我不好意思地接受建議回家休息了，一到家倒頭就睡。

剛開始時，我真心覺得的很不好意思，感覺不負責任、拖累工作，但是後來有幾次看到同事生病沒來上班，我也開始習以為常，從原本的不好意思、拖累同事、沒有責任感的想法全都拋諸腦後了。

畢竟人在生病最不舒服時，腦袋都不靈光，事情做起來事倍功半，就不要硬撐裝堅強，在家好好養病，睡飽了病好了再來趕工。這完全不是英國人怎麼這麼弱不經風，一點傷風感冒就撐不住，把工作丟一旁，不幫別人著想的作法，這是因為英國人的態度跟從小的習慣截然不同。

英國人：什麼是全勤獎金？沒聽過

我仔細想了一想，這應該是中西文化的差異。英國並沒有「團體榮譽全勤獎」這觀念，在東方社會，全勤獎代表了榮譽心跟責任感，不論在怎樣的狀態，都為團體著

想，把份內的事情做好，也代表自己很認真負責。

記得國小唸書時，每當學校學期要結束時，老師會唱名全學期沒有請假的同學，頒發全勤獎。之後這個全勤的觀念就延續到上班，生病了還出席，表示很認真地對自己負責，也有團體紀律。

我在英國多年後，才驚覺相同的狀況在英國是完全相反。

英國小朋友從上幼稚園起，如果生病發燒、或是身體不舒服，都會被要求不要去學校，如果硬要去上學，沒多久學校就會打電話給家長，請家長來把小孩帶回家。生病了請不要來學校，在家休息等病好了後再來上學。

相同道理，辦公室裡的同事，從小接受到的觀念就是生病了在家休息，不可以去上學，所以長大後生病感冒，通常都會自動請假在家。不舒服時，都會被婉轉鼓勵在家養病，趕快好起來後再來上班。

如果真的有什麼工作非得馬上做，就直接在家開電腦處理，沒必要裝堅強在辦公室做。如果有會議，除非必要一定得參加，能延期就延期，能代理就代理。

我在辦公室工作時，當遇到同事生病沒來上班，當然有時候會感受到不方便，只好將心比心的想，如果當我有一天生病了，同事們也會罩我的。

泰晤士河畔必去景點—倫敦塔橋。

泰晤士河畔的格林威治區乘船處。

泰晤士河畔的千禧橋跟聖保羅大教堂。

辦公室不午睡，桌子一趴非同小可

我這隻英國上班族菜鳥，以為生病還去上班，收到同事的關愛次數已經是巔峰，沒有其他情況能突破生病的關照次數。沒想到我錯了，還有一種情況，同事會更懇切地、憂心忡忡地問你還好嗎？

就是在辦公室午睡！

有次我實在很累，睡眼惺忪的，想說中午午休時間，趴下來小睡休息一下，結果這一趴不得了了，大家都走過來，問我好嗎？是不是怎麼了？Are you alright?

英國上班族沒有睡午覺的習慣，更沒有趴在桌子上休息的習慣，所以我這一趴，非比尋常，同事都覺得我是不是哪裡不舒服，趕緊來關心問候一下。

原本是想要安安靜靜的瞇一下，即使只有十分鐘都好，但被問候關照多次後，反而被打擾無法好好地休息。而且也開始會不安，心想會不會又有人來關心。又不能正大光明的掛個牌子，像飯店房間門口一樣公告：休息中，勿打擾！

想閉眼休息，請偷偷躲起來睡

有一次經驗後，我滿腦子疑問，難道同事們白天上班時永遠不會累？像無敵鐵金鋼，鐵打的一樣強壯？

如果同事很累，就會咖啡一杯接著一杯喝，當天的咖啡杯都可以疊成摩天樓了，就是不會光明正大的趴下來休息一下。

我後來偷偷發現，如果英國同事真的撐不下去了，就會躲起來休息！我內心OS這果真是愛面子的英國人會做的事情！

有次有位跟我交情好的同事下午跟我坦承，他因為實在是超累的，剛剛中午吃飯時間，偷偷跑去他車上小睡一下，如果沒有偷偷休息一下，下午開會可能會打瞌睡。

我心裡驚呼，原來是這麼一回事！剛剛吃飯時間想找這位同事一起吃飯，沒看到人，不知道他跑哪裡去了，原來是偷偷躲到車上休息去了。我實在不知道這麼做是為了要顧面子，不好意思直接大刺刺的午睡，還是為了避免被打擾，而圖個完全安靜的休息時間。

辦公室英文

Mental Health

– 精神（心理）健康 –

名詞

除了身體的健康，精神與心理也要健康，mental health 在英國越來越被重視，很多名人與機構都一直推廣注重精神與心理的健康。Mental health 包含的項目很廣泛，情緒、心情、心理、社交、想法、壓力、人際關係……等等都是 mental health 的元素。

3 我心情低落，所以我要請病假

在英國辦公室裡，我受到不少職場文化的衝擊，其中讓我反思最深的是公司如何對待員工，有同理心的照顧員工，而不是壓榨員工，將員工當成機器人使用。

同時我第一次對「健康的定義」有了新的認知，**健康不只是身體沒生病才是健康，心理跟情緒也要快樂舒坦才是全面的健康**。我在公司裡，直接感受到被當作是「身為人」的工作夥伴，而不是無情的被要求凡事工作優先。

例如我剛放完育嬰假返回公司上班時，心情很緊張，不知道是否可以同時兼顧好家庭跟職場，擔心寶寶去托兒所的適應狀況，也憂心自己身心的調適能力。

剛上班沒多久，我的寶寶生病了，英國慣例是小孩發燒生病就得在家裡，不可以去學校，我只好家庭跟工作兩邊顧，選擇遠距在家上班，一邊照顧小孩、一邊工作。

隔天我的主管回我信時，順便問我：小孩生病好點沒？大概他感受到我的焦慮，也了解當家長的不易，就直接跟我說明天你也在家上班吧。短短一句話，減輕許多我心理上的壓力。

生病了請病假是理所當然，但是如果是其他狀況真的無法進公司，如：家庭問題、心理因素等，暫時請假或是換個方式彈性上班，減少心理壓力緩和一下，避免身心處在崩盤臨界點。

先調整好悲傷情緒再談工作

「老闆需要照顧員工的心理嗎？」這是個我從來沒想過的問題，在英國公司上班，我看見了不同的想法跟態度。

以前在台灣工作時，覺得上班時應該要拿出專業，把個人情緒收起來，不要在工作場合中展現，雖然實際上很難做到。

但是人生難免有意外，如果生活中發生了重大事情，情緒控制不住怎麼辦？例如跟在一起十年的戀人分手，失戀難過了好幾天；親人突然過世需要好幾週平復心情；或是家裡正在處理離婚狀況……等。這些時候情緒極度哀傷，是不是可以例外一下先照顧好心理，再來談工作。

如果我在寶寶生病無人照料時，照常去辦公室上班，心情無法定下來，開車可能會不專心而導致危險，人雖在辦公室但卻惦記著小孩，工作效率一定很差。

用同理心照顧員工，短期人力短缺沒關係

在英國，我看見公司與主管，多了一份關愛的同理心，懂得照顧員工的心理，並將心比心，比較不拘泥於形式。

如果有什麼事情干擾員工，影響到工作效率，那就趕快去處理好，專心復原情緒。給予員工空間釋放壓力，也許短時間是人力短缺的損失，但是長期來看，會讓整體團隊更有向心力。職場環境中，看重的是長遠的大方向，而不是當下的效應，畢竟公司雖然暫時少了這份人力，也不可能因此立即倒閉。

心理不適、壓力過大，也可以請病假

「心理跟精神健康（Mental Health）」是我來英國之後，才認識的名詞。在英國住久了，發現英國人對心理健康比較有意識，關心的不止是生理，還有心理的狀況。包含健不健康、開心快樂與否、壓力程度、憂鬱指數，政府甚至有「心靈健康週」來關懷這個議題。

一般通常只會談論到身體狀況有沒有生病，有沒有體力完成工作，但是心理跟情緒也是身體的一部分，而且是很重要的一部分。

我們部門聚會時，都會問大家今天好不好，簡單快速的為心理健康打分數，從一到十分，你今天覺得如何請評分。通常大家都是七到八分，也會偶爾有五分以下的心情，大家就簡單關心一下，希望組內的工作氣氛是輕鬆愉快並彼此關心的。

之前看到一則網路推特（註），受到廣大的迴響：一名員工發信告知這週要請病假不會進辦公室，他需要時間處理一下心理的情緒，下週後才可以有精神地回來上班。

結果他的公司老闆回信，心理不適當然可以請病假。

老闆回覆：「我不敢相信還有很多公司只允許員工在身體不舒服時請病假，病假卻無法用在心理不適上。」

失戀太傷心，申請在家或遠距上班

紓解情緒上的壓力或是低潮，在英國通常就是強調生活與工作的平衡（Life and work balance）。

在英國上班的朋友說他有位同事失戀太傷心了，跟公司申請在家上班兩個月，他的請求通過了。這位同事立即搬家，從英國搬回西班牙老家，在西班牙跨國遠距離上班。從這個案例可以看出來公司照顧員工心理狀態的程度，可以如此寬容。

註 推特原址 https：//twitter.com/madalynrose/status/880886024725024769?lang=en

出沒在倫敦街頭的笑笑羊雕塑：大頭兵羊、水手羊、滑梯羊、偽裝成帕丁頓熊的羊。

我有天在公司內部網站，看到「員工協助專案 Employee Assistance Programme」項目玲瑯滿目，提供建議、諮詢、支持的服務，目的是當同事遇到生命中大事時，可以減低不必要的焦慮跟壓力。

我看完這些列出來的項目，心中覺得：哇！好詳細呀，包含了很多我沒想過的人生里程跟狀況。項目含括了懷孕生產養育小孩、生病意外、家庭關係的改變——結婚、分居跟離婚、搬家買房、退休，甚至流產、家暴、親人重病照護這些狀況，都有相關的應變建議，身心健康的評量。

英國人的照顧，是當下的支持，不必是一輩子的人情

我會感觸這麼深是因為我遇到親人無預警過世，在人生意外的情緒低潮時，部門總監跟我的老闆給予我很大的支持，讓我有足夠的時間跟精力，不用擔憂工作，先復原好情緒，照顧我的心理。

我回去上班後，特別跟部門總監說謝謝照顧，我現在恢復精神，可以再來上班了，並且感到有點不好意思，畢竟將公事擺著，休息了好一陣子。

總監說他幫不上什麼忙，這只是他能做的，讓我不必擔心工作跟增加心理壓力。如

果我覺得當時收到的照顧是件好事，就用這份同理心對待他人，繼續將心意傳承下去。

我的直屬主管也跟我說：你不用想太多，你並沒有欠我或公司什麼，當時給予的照顧跟方案是因應當時的狀況，那是那時候的當下，現在那個當下已經過去了。

職場裡以人為本的概念，才能成就事業

我的經歷讓我充分感受到，在職場裡，不是完全都以工作為優先，也可以以人為優先。先有人，才會有事業。

記得在台灣的新聞看到，有位業界知名的高階經理人自殺身亡，沒有人知道他有心理情緒上的壓力，這樣的噩耗，讓公司跟家庭同時震驚不已。工作壓力太大，一直沒有抒發，工作跟生活不平衡，長期下來就會崩塌。

讀到這則新聞時，對照我受到的照顧，被關心到心理健康，有一段時間保有飯碗但不用考慮工作，幸運的有可以喘息的機會，調整我的心理。

從英國人重視心靈健康的態度上，我體會了職場裡的另一種工作關係，多考慮了人性及將心比心的對待。

辦公室英文

I am out of the office on annual leave.

－我休年假去了，不在辦公室－

當休假時，英國人就會將 email 郵件系統設定自動回信通知，附上 I am out of the office 訊息，告訴別人，目前我休假沒上班，有事請找其他同事，或是等我休假後再處理，避免對方認為怎麼都沒有回覆 email。

4 不論年資，一年超過二十天的特休假

「老闆，這是我的休假計劃，我想要在四月連續請三個禮拜的假」，這是每年我都會來一次跟老闆的對話，請長假回台灣，老闆通常都說沒問題，你只要跟組員協調好，不要大家同時間都請假，有人可以代理你的工作就好。

我覺得我連續請假三週已經很厚臉皮了，沒想到有聽到台灣朋友一次請一個月回台灣，將年假幾乎一次用光。休假一個月，換句話說，一年十二個月只上班十一個月。

英國法律規定勞工至少有二十八天有薪年假

剛來英國時，聽到有大約五週的年假，心裡超羨慕，心想「啊，好多喔，感覺用不完」。結果現在我已經整個英國化，覺得五週的年假不夠用，五週年假扣掉回台灣三週只剩下兩週，如果聖誕節假期想休長一點，用掉幾天自己的年假，就大概只剩一週的休假了。

英國政府規定，一週上五天班的勞工一年有至少二十八天的帶薪休假，這二十八

天的休假可以包含八天的國定假日，換句話說，還有至少等同於四週的二十天年假。

英國這麼多的年假規定，乍看之下很大方，疏不知這是有但書的，英國的國定假日只有八天，比其他歐洲國家都少。換句話說，想休假只能利用自己的年假，其他上班日的連續假期很少。

無論職位跟年資，年假天數都相同

英國公司很多都是提供二十五天不含國定假日的年假，外加八天的國定假日，等於有超過一個月的假。最令人羨慕的是大學職員，有三十五天不含國定假日的年假。

先不管年假的天數，我覺得休假制度最公平的是，在公司裡不論年資跟職位，每位員工都享有相同的年假天數，而且從入職的第一天就可以運用一年的額度，不需待滿一年才可使用年假。

如果休假沒用完，普遍來說，英國公司則會提供「帶假制度」。通常公司會允許員工最多帶五天的假至隔年使用，只要在新的會計年度前使用完畢即可。有些同事在隔年有結婚的計劃，就可能計劃性的積假，留五天到隔年結婚跟蜜月時一次用完，整整一個半月不工作。

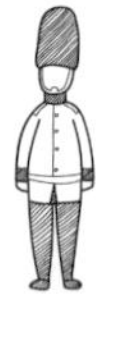

請年假從來沒被問原因，也不用不好意思

我在英國已經被訓練有素，請年假時理直氣壯，幾乎都是用「宣告式」。我的老闆從來沒有問過原因，為什麼要請年假、為什麼這時間要請假、為什麼要請這麼久。

老闆從來沒有刁難過我。

相同道理，老闆也從來沒有刁難過其他同事。

剛開始我要請年假都會像在台灣一樣想好原因，事先準備好說法，腦海中先演練一遍工作的交接事項，但是這些想像的畫面從來沒有發生過。

相反的是老闆還會時常提醒大家，要記得休假喔！大家定期回顧一下個人還有多少天數，趕快規劃年假，不要浪費休假天數，休假是你的權利，同時也是福利。

正因如此同事間都光明正大地請年假，換到我請年假時，也不用覺得不好意思，要拜託同事在我休假期間代理我的工作，這似乎是同事間不用說的默契，互相擔待包容，不會因此抱怨。

只講重點是工作交接清單的最高指導原則

有次同事艾倫休假兩週，我代理他的工作，他給我的休假清單只有半頁A4，三項事情需要我的協助，三項重點而已！我感到很吃驚，就這麼簡單？

艾倫平日的工作當然不止這三項，但是他並沒有將他每天所有該做的事情通通交給我，他在休假期間，大部分的事情都先擱置，等他休假回來後再繼續，他交辦的代理工作事項是「例行性必須做的事」跟「優先處理的重要事項」這兩類，其他的就先不用管了。

休假的時候就好好休假，不會被打擾

艾倫簡潔交接完畢，就休假去了，其他事情我們得在他休假期間「自己看著辦」。如果有突發狀況，我們就自己判斷能不能處理掉，或是幫他做決定。如果都不行，就只能跟對方說：麻煩你等艾倫回來上班後，再來處理。

我們很少在同事休假期間打電話或是寫email打擾他問事情的，我休假時也一樣，印象中沒有接到過同事或老闆的電話詢問事情，或是還要做某項工作。不管只休假一兩天或是連續一週以上，休假時就是放空，不會被公事打擾。

倫敦最高樓 The Shard 直聳雲端。

如果情況非同小可，得打電話給休假的同事，通常都是已經諮詢過其他同事，是不是真的必要得聯絡休假的同事，然後聯絡他時都是先道歉，說話的口氣是感到非常抱歉，在你休假時還連絡你公事，非常不好意思。

八月暑假期間，公司幾乎半空

每到八月，我都覺得工作特別輕鬆，因為公司接近半數的同事都休假去了，整個工作進度緩慢到不行。

八月是英國的暑假，天氣通常也很好，英國人都喜歡在這時間休假享受溫暖的夏天。有小孩的同事就陪小孩，帶全家出去玩。沒有小孩的同事，也喜歡在這時節休假，去曬曬太陽，徹底放鬆休息。

同事們輪流休假，我覺得英國同事間的工作默契太好了，有時候根本沒有面對面交接，只靠 email 說明代理的工作事項，因為兩人輪流休假，沒有機會在辦公室碰到面。

很神奇的是工作也從來沒有出過什麼大錯，可能是暑假期間，大家心情都比較放鬆，心裡想著在公園曬曬太陽，工作有顧到就好。

對於年假的想法，英國人真的不太一樣，重視的不是現在，英國人認為休息是為

了走更長遠的路，工作時認真工作，休假時就認真休假，清空壓力、體力、腦力，休假回來上班後，清爽的帶著全新動力重新開始。

想多休年假，可以用薪水買

覺得年假天數不夠用？英國很多公司，還有提供員工「買假制度」，拿薪水去買年假，意思就是我賺少一點也是要放假啦！

我的公司本來沒有這項福利，但經過員工調查，買假制度在最想要新增的福利中名列前茅，英國人到底是有多想放假不想工作啊？

公司制度是在新的會計年度開始前一個月，公佈新年度的買假制度，想要申請的人，得在規定期限內送出申請表。限制是最多一年只能買五天的年假，將原有二十五天的年假延長變成三十天。老員工錯過了申請日，之後發現年假不夠用想加買，很抱歉無法追加。新員工是會計年度後才加入，並無法享有這項福利，只能等下個年度再申請。

買假的同事會有點抱怨買假扣薪水的方法，英國薪水都是談年薪，週六日跟假日都是有薪假，但是買假扣薪水的日薪是只有算上班日，單日扣的薪水不是年薪除以

二百六十五天，而是除以總上班日。換句話說，這樣扣反而比較貴耶！

有些同事寧願多點時間陪家人或小孩，或是早早安排長途旅行計劃或結婚，就甘願多休點假，少領點薪水。

我觀察實際申請買假的同事其實不多，但這制度還是很受歡迎，至少有這個制度的存在，讓員工有選擇性，當有需要時可以買年假放假去。

登高眺望倫敦市，你認得幾個地標？

辦公室英文

Maternity Leave

－產假與育嬰假－

名詞

在英國產假跟育嬰假是連在一起的，統稱 maternity leave. 孕婦可在預產期前 11 週開始請 maternity leave，至少 2 週、最長可以請 52 週。通常英國婦女只要有正職的工作合約，不論在同一家公司任職年資、薪資、工作時數多寡，都可享有育嬰假。

5 沒有工作壓力的產假跟一年育嬰假

今天下午在辦公室有半小時的同事祝福會，同事艾瑪挺著已經三十七週的大肚子，這週上班完，她就要開始請產假和育嬰假，英國稱之Maternity Leave。政府規定最長可以休一年，沒有劃分產假或育嬰假，可能是因為英國人並沒有坐月子的習慣，因此就一併連接起來。

我問艾瑪妳打算要休多久，她毫不考慮地回答會休整整一年五十二週照顧寶寶，享受當媽媽的日子，再回到辦公室會是明年的這時候。

當我跟台灣朋友提到這項一年產假加育嬰假的福利，所有的朋友都給我羨慕的眼神，並加上一連串的問題，例如公司不會施壓早點回來上班嗎？不會，公司如果這樣做是違法的。你的工作誰要代理？公司可以請約聘的職務代理人來替代我的工作。

育嬰假期間其他福利也不能少

英國政府的育嬰假政策是在同一公司上班半年後，可享有育嬰假福利，最少是二

Pride in London Parade 在參加遊行之前，先跟朋友曬太陽聊天。

Pride in London Parade 當天的街景佈置。

週，最長可休五十二週。如果決定想要提早回公司上班，在任何時間，只要在上班的八週前告訴公司即可。

在家顧小孩的艾瑪雖然請育嬰假，但在她沒上班的這段期間，該有的正常福利一點都不能少，例如例常的年休假二十天、公司團體調薪、育嬰假後再回去上班的權利。

這樣看起來英國的育嬰假福利不錯，但是談到薪水或補助，普遍的反應是「補助還是很少呀」。政府規定的最低育嬰假津貼是前六週九〇%的平均週薪，之後三十三週每週約一百三十九英鎊，大約台幣五千元。

這樣的金額，在英國的物價水平來說，真的只是一點點而已，但是大多數的英國人並不會為了選擇金錢而提早回去上班。相反地，英國人非常珍惜為人母的時刻，享受有新生兒的家庭生活。

孕婦上班時間產檢，薪資照給

我在懷孕之前，其實沒有很留意孕婦跟育嬰的相關規定與細節，當我懷孕之後，才充分體會有個彈性跟體貼的「孕婦優先」福利政策真的很重要。

我剛懷孕時，完全不清楚相關的政府或公司規定，約了產檢門診，不好意思地跟

主管說要提早先下班。結果我主管知道原因後，馬上跟我說恭喜，立即表明態度「如果需要利用上班時間去醫院或是產檢，不用擔心，這是允許的，**上班的孕婦本來就有權利請有薪假去產檢**」。

主管也問了我是去哪間醫院產檢？發現是跟公司反方向後，也建議我可以在需要產檢當天不必進公司上班，可以在家上班，時間到了直接去產檢，不必舟車勞頓，擔心塞車趕時間。竟然主管都這麼說了，我就恭敬不如從命，不讓自己多累著。

醫生指示不准上班，引來同事關心而非白眼

有天早上我起床後，突然發現微微出血，當然馬上打電話給醫院，安排緊急檢查，我也馬上告知主管跟同事我可能當天晚一點進公司，或是在家上班。結果檢查後醫生建議我在醫院住一晚，監控狀況確保胎兒安全。

我當下愣住了，因為我完全沒有住院的準備呀！陪我去醫院的老公，只好回家裡準備簡單的行李。

醫生的指令最大，我住在醫院兩天，工作當然也就停擺，所有的事情都先暫時擱置。老闆跟同事也非常諒解，我並沒有感受到排擠或遭白眼，反而得到許多關懷，希

倫敦街角的藝術裝置：一手愛心一手財富。

望我跟寶寶一切安好，還有依照規定這兩天我一樣可以照領薪水。

我發現英國普遍沒有安胎這個詞，頂多是警告孕婦有早產的危險。有朋友是高齡產婦，在後期懷孕階段，醫生直接指示到生產前最好都躺著，她於是在家休養了三個月，先是以醫生指示的方式請假，匆匆忙忙的交接完就沒去上班了，公司跟同事也只好多擔待些。

英國爸爸有兩週的陪產假福利

英國對上班的懷孕婦女保護周到，對於另一半——爸爸，也有考慮到，但福利就沒這麼好了。政策是爸爸可以有兩次無薪的產檢假，孩子誕生時有兩週帶薪的陪產假。孩子誕生後的育嬰假，爸爸跟媽媽也可以一起分擔，大致是五十二週的育嬰假，兩人分配輪流用。

雖然法律規定是如此，我聽到的例子大多是公司都對爸爸們也都很寬容，如果需要在上班時間陪老婆去產檢，就直接去了。無法工作的時數，採用彈性上班法，自行從其他非上班時間補回來，並不會一板一眼的錙銖必較。

育嬰假期間從沒被催促過快點回來上班

我跟主管有一次在例常的一對一開會時，簡單討論到育嬰假，主管說他對於我想要休多久沒有意見，他反而建議我休整整一年五十二週。因為寶寶很快就長大了，好好珍惜這一段可以親自照顧且陪伴寶寶長大的時期。

我就開始放育嬰假了，這期間主管從來沒有來打擾過我，或是催促我何時回來上班。相反的，反而是我在回去工作的三個月前，主動跟公司聯繫，想在我回去上班的

正式通知前，先討論些事情。

我的職務在我放育嬰假之前，就已經交接給各個單位，我跟主管在我育嬰假前就已經談好，我之後會轉到另一個單位，做新的職務工作，這種換單位的情況是有點例外，但事先就談好，我在育嬰假時也不用多操心。

工作怎麼辦？公司會聘用育嬰假的職務代理人

通常英國公司的做法是會找約聘的代理人，為期至少半年到一年的育嬰假工作代理合約，稱之 Maternity Cover。

如此一來，其他的同事也不必接收多出來的工作，有了新的人力接手，大家各司其職，做一樣的事情。

新加入的同事知道自己是工作合約是約聘的，約聘時間到了，如果喜歡這家公司，雙方合作愉快，這位同事會有機會留下來這家公司，轉換到其他相關的職務。

原來的育嬰假同事有回來工作的權利，公司並不可以為了保留後來新加入的人，而開除原本請育嬰假的同事，否則會被告上法庭，法規是站在保護休育嬰假的這一方。

期待建立職場裡的友善環境，減少孕婦跟新手媽媽的無形壓力

自從我當了母親，經歷生產跟哺乳新生兒之後，我深深地覺得職場環境和公司態度，對孕婦、新手媽媽、小小孩家庭友不友善好重要。我們一整天待在公司跟同事相處的時間，可能都比在家醒著的時間長，當公司同事抱持著嫌棄或是不同理的心態時，真的會感到壓力很大。

在英國職場環境中，一切以孕婦優先，請育嬰假早已是基本權利與義務的常識，大家互相尊重，不故意佔對方的便宜。公司不會為了要省錢省麻煩而刁難請育嬰假的員工，少有為了要省人力而故意將工作分配給其他同事。

請育嬰假的員工也不會因為擔心害怕失去工作而不敢請假，更享有工作權的保障。育嬰假期間的補助跟收入是次要考量，主要是擁有工作與家庭生活的平衡。

現今很多國家的懷孕跟育嬰假政策及職場環境，還無法跟英國一樣，但是我希望，至少減少不必要的隱性壓力或是間接打壓，才能慢慢塑造友善的職場環境。

下雪了，我家後院的雪景。

夏天到，我家後院百花爭鳴。

辦公室英文

Well Done

－做得好、食物煮過熟－

形容詞

英國人需要直接了當的讚美別人，將某件事情做得很好，well done 是常用的詞句。

Well done 還有另一個意思，形容食物，尤其是肉類時，well done 表示煮得過熟、煮透了。

6 嘴甜不罵人只鼓勵的英式感謝

聖誕節連假前，毫無意外地收到部門總監的 email，謝謝大家這一年來的辛勞，在聖誕節這個最重要的銷售旺季，每個人謹守崗位地打了美好的一仗，請大家在休假期間好好休息，並祝大家聖誕快樂。在這之前，我已經收到直屬主管親手寫的聖誕卡跟小禮物。

收到總監的信沒多久後，總監的上司也發封感謝信給大家，更具體的點名幾個團隊的事蹟貢獻，謝謝他們的額外努力。

上班第一年收到信時，覺得主管真貼心，之後年年都會收到，現在的感覺是「啊！又到了年終這時刻了。」

「常道感謝」——是英國辦公室文化之一

我覺得常常說謝謝是英國的辦公室文化之一，完全符合英國人有禮貌的紳士風度，主管們三不五時鼓勵大家這件事情做得好，讚賞一下。

在倫敦 Sky Garden 登高眺望。

坦白說，有時候我會感覺這像是管理員工的小技巧，但不可諱言，這樣做的確有正面的鼓勵效果。既然主管看得到我們的努力，為了業績跟個人表現，我如果能多努力一下，就試試看吧。

部門總監幾乎在任何場合都可以發表感謝感言，在部門的重要會議、團隊小組會議、一對一的會議、email……等，都可以找到機會，將大大小小值得拿出來說嘴一下的事情，毫不吝嗇的讚美或是感激同事的付出，真是嘴好甜好會收買人心呀。既然無法常常有加薪

的實質獎勵，那就至少對大家的苦勞心存感謝吧。

我剛在英國上班時，準備要下班回家，突然聽到主管跟我說：謝謝你今天認真的工作，祝你今晚愉快。（Thank you for your hard working today, and have a good evening.）我愣了一下，很不習慣，下班就下班了，還禮貌地跟我說謝謝今天的辛勞。這讓早已習慣台灣工作環境的我，真是受寵若驚。

我聽到對我個人的讚美會不知如何回應

之前在台灣工作時，幾乎沒有遇到如此的感謝文化，而從小的生長環境中，鋼鐵般的教育比較常見，愛之深責之切，正面鼓勵少之又少。因此我剛開始在跟主管的一對一開會中，聽到他對我個人的表現正面稱讚或是感謝，都覺得很彆扭。

我不知道該怎麼具體或間接的回應，很多事情其實都是份內工作該做的，我覺得並沒有什麼大不了，所以當我收到讚美時，常有的反應是表情僵硬、帶著一號表情、禮貌性微笑。主管可能覺得我比鋼鐵還難融化吧，要多多稱讚，才可以換到我一個開心的大笑。我又不能去問同事，你都怎麼回應主管這樣的讚揚。所以我至今仍在摸索如何用灑脫的表情回應，以及大方的表示謝謝你，我收到了。

同事間互相讚美的感謝系統

公司為了鼓勵同事間也有互相道謝的文化，特別設立了一個網站系統，讓同事間可以方便地正式謝謝對方，以給星星的方式，寄張謝謝你的電子卡片。聽起來很像是在幼稚園，小朋友集貼紙的遊戲，但也不失為一個方法，是一種「官方紀錄」的感謝狀。

上週我同事克里斯幫我用系統跑了某項我需要的工作數據，大概花掉他半天的工作時間，我就登入系統，特地發張電子謝卡謝謝他，他收到後開心的跟我說，我在幫他累積新牛仔褲的獎金。原來上一季他是收謝卡冠軍，得到三十英鎊獎金，立即花掉添購新衣。

我覺得這套機制有點像是拉關係、套交情的管道，被我感謝的同事很意外地收到我的謝卡，感到特別開心。同時他的直屬主管也會看到某某某收到誰的謝卡，原因是做了什麼事情，甚至還能換獎金，真是皆大歡喜呀。

不罵人，從失誤中找到正面學習之道

我好像從沒看過主管罵過人，即使有大事發生了，只會輕描淡寫的討論失誤，不

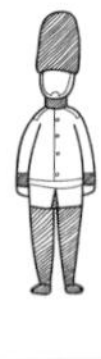

會指責個人的疏失，反而希望**參與者要能在這件事情中，學習該如何改進，有什麼措施能防止同樣的事件下次不要再發生。**

有一年在銷售旺季的大日子，我們的銷售網站掛掉了，電子商務是公司的重要銷售業績來源之一，網站掛掉無法營業，是很嚴重的業績損失。

主管們當然臉都綠掉了，當天立即指揮相關單位趕快修復，但是更重要的是事後檢討，抽絲剝繭想要了解整個事件的發生原因，該有什麼措施可以提前偵測到危機，需要哪種資源協助避免以後不會再發生。

我驚訝這樣的危機處理方式，完全沒人會被破口大罵，而都非常的理性思考，一點都不意氣用事。

有一次我犯了個小錯，網站上放著過期的訊息，我忘了修改，主管 email 截圖告訴我過期訊息還在網頁上，並問我怎麼了嗎？我老實的回答，我整個閃神沒有注意到，我已經改正了。

主管之後也沒再說什麼了，事情就這麼平淡過去了，我當下也知道，我皮要繃緊一點了，不能再閃神了。

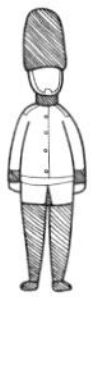

主管的地位不是建立在權威感

我覺得英國的主管級經理很少有「當官的權威感」，他們並不靠權威來建立自己的地位。相反的，他們可能像同事朋友一般，沒有架子的跟你話家常。

平常上班時，部門主管的座位都在同一區裡，只是他的座位可能比較角落，感覺比較有隱私，隔板稍微高一點，但沒有整個圍起來。任何人可以隨時看到他的一舉一動，有問題想要問他，只要他在座位上，即可以走過去問他有五分鐘可以打擾一下嗎？馬上面對面的討論。

討論公事時，我覺得主管的談話內容比較像是引導人的角色，討論事情該怎麼做，要注意什麼，討論事情的核心。主管當然也會指派工作，但絕對不會讓你感受到蠻硬的態度，硬生生地丟給你一個工作，還指定明天就要，讓人覺得不舒服。

NEAL'S YARD
meeting
rooms
NEAL'S YARD REMEDIES
Ethical Organic Health &
Discover your
perfect skincare
倫敦柯芬園區的小巷弄。

PART 4

英國人交際哈拉潛規則

辦公室英文

Politeness

– 禮貌 –

名詞

英國人重視禮貌，在辦公室也是一樣的。禮貌的第一步驟是跟同事話家常，客氣問候，充分展現同事間的情誼。

英國同事間每日招呼用語

在英國生活，我發現有禮貌的英國人很愛問候，見到你一定會先說 How are you? Are you alright? 你好嗎？不管是不是真心關心，先問候再說。

在辦公室裡，同事之間理所當然會彼此閒聊問候，老實說長期下來，我發現聊來聊去都差不多就是那幾句，照三餐跟消夜的時間來問候。

第一個必問題：你好嗎？

早上見面，進公司一定會互道早安 Morning，時機恰當的話會來一句 How are you? 你好嗎？通常大家會隨口回應一下：I am fine, thank you. 我很好，謝謝你。I am not bad. 我還好，一切不會太壞。

通常一天會被問到至少兩次你好嗎？每一次都思索答案認真回答好像不太恰當，但敷衍了事回答又很奇怪且沒禮貌。

英國人的禮貌問候，聽聽就好，不必認真回應

我以為只有我有這個困擾，跟在英國的台灣朋友討論後，才知道其實大家都不太確定該怎麼回應。到底要不要認真的回答？英國人是不是真的認真問你？需不需要掏心掏肺地坦白回應？

我們討論的結論是不需要。大部分的場合，是不用太認真的回答，回答的內容依據彼此交情而定。

很多時候對方問你好嗎，只是客套的問候，並不是真心的想知道你好不好，因此也只要客套回話就好了，簡單交代自己還可以，過得去。

如果你真的認真回答：我其實不太好、早上太早起想睡得要命、最近在跟男朋友吵架。反而會嚇到對方，對方會一時之間不知道該怎麼回應你的心情，反而很尷尬。

另一點要注意的是，當回答我很好時，臉上的表情也要看起來還不錯。千萬不能嘴巴說好，但是表情沮喪不開心。敏感的英國人可能反問，你真的好嗎？你看起來沒有很開心耶。

這一題對話是必備題，一定要事先練習好答案，表情跟說話都要到位。

第二個必問題：你週末有何計劃？

「週末的計劃」是週五跟週一的必問題。週五時，除了問候你好不好之外，英國人都聊一下週末，問候語改成：**Do you have any plans this weekend?** 你週末有什麼計劃嗎？

然後週一上班時，要有始有終的將問候語換成：**How was your weekend?** 你週末過的如何？

問候週末比普通問候「你好嗎」刺激許多，同事可能會突然眼睛一亮的跟你說他的週末計劃，例如要去哪裡玩、看電影、去跑趴、去購物……等等娛樂；或是返鄉探親、要回父母家、父母要來；有家庭的同事可能就會回答要參加小孩的活動；如果你回答沒有計劃、就在家吃吃睡睡看電影，大家也不會見怪。

週一時大家「檢討」或「回顧」週末時，就會露出依依不捨週末這麼快就結束的表情說，**It was geart.** 週末很愉快，我做了一、二、三、四這些事情，外加抑揚頓挫的音調來描述過程。

倫敦 St.Pancras 火車站的氣勢。

誇張的表情、抑揚頓挫的語氣

同事講得津津有味，我得在聽的過程中，也得裝的聽得入迷，外加回應一下 It sounds exciting. 這聽起來好精彩呀。You did have a great time. 你真的有好時光。千萬不要漫不經心哈欠連連，感覺很沒禮貌。

每週歷練下來，我也練就了固定的回話公式。如果同事講得舌粲蓮花，故事好長一串，我大概就會回：真的嗎？我猜你一定覺得……。Oh really? I bet you feel XXXX.

到小酒館來喝杯現榨英式啤酒吧！

年輕的同事通常週末都會去趴踢小喝一下，我聽完精彩的週六夜生活，就會順道關心一下那你週日的宿醉嚴重嗎？如果同事還想繼續說下去，我就用我不需要太多的細節來打斷他。

我還蠻宅的，週末通常沒有像同事們過的這麼精彩，當週五被問週末計劃時，我常常很無聊地說，沒有什麼特別的計劃耶！以至於週一時的回顧也是很普通，I had a good time at home. 我週末在家還不錯。

不過常常同事週一問我時，由於週一工作都很忙，我都覺得週末已經好遙遠了，想不起來我到底做了什麼，只好先歪著頭想幾秒鐘，然後給出的答案又很無聊普通，同事內心大概覺得踩到雷，怎麼這麼乏味。

如果我遇到像我一樣乏味的同事，說他週末宅在家，我就會回週末在家休息是最好的事情了。Have a good rest on the weekend is the best thing.

第三個必問題：下班時禮貌再見，祝有美好的夜晚

在辦公室裡，我們下班都會很有禮貌的說再見。下班時間一到，即使老闆還在忙，先下班都沒有關係，不必看老闆臉色。有時候，老闆還會很客氣地說謝謝你今天努力

的工作。

這對於來自台灣，體驗過台灣職場環境的我，非常受寵若驚，很想要依樣劃葫蘆的回覆老闆，這沒有什麼，謝謝你雇用我，這聽起來就十分的英式矯情呀。

當同事說再見時，辦公室裡同事會馬上回應說 Wish you have a good evening, see you tomorrow. 預祝你有個美好的夜晚，明天見。這句話就像是呼吸空氣一樣自然，不加以思考脫口而出。

有時候等電梯時，會遇到有點熟又不會太熟的同事一起等電梯，我都覺得不開口聊天打招呼很尷尬，於是我就會問問對方，你晚上有沒有什麼特別的計劃呀？先丟問題，讓對方回答彌補空白時段，最後要分手時，不免俗的補上一句，祝你有美好的夜晚，明天見。充分發揮我在英國學到的禮節，多打招呼多問候，禮多不見怪。

倫敦國家藝術廳的藝術圓廊。

大英國物館美麗的玻璃屋頂。

辦公室英文

Small Talk

－小對話－

名詞

英國人基本社交應對，禮貌性的對話，談論無關緊要的話題，避免沉默的尷尬。常見的對話主題如：天氣好壞、週末活動、交通路況。

在英國辦公室裡，禮貌性的 small talk 常常發生，為了不讓對話很乾，要先準備好幾個常見的對話主題。

2 無敵不敗的聊天公式

雖然已在英國多年，很多時候我仍然覺得很難融入英國同事間的聊天，往往同事們可以突然聊起一個話題，我就只有傻笑的份。例如他們提到一個人名，我不認識，接下來就完全插不上話。就好像在台灣提到豬哥亮、康熙來了代表某種象徵跟意義，只有接觸過才知道的文化密碼。

偏偏英國人很喜歡「小對話」禮貌性的聊天，避免空檔沉默的尷尬，談論不重要的事情，聊垃圾話題就是了，這是英國的基本社交，要積極應對，盡可能的不讓氣氛很乾。

為了不讓每次同事們聊天時，我只能當成聽力訓練課，我悄悄觀察有哪些「家常」的必聊話題，必要時我可以插得上嘴，列入我的聊天清單，刷一點自己的存在感。

天氣是永遠不敗的話題

天氣可以說是全英國人最普遍的話題，非常英式的問題 a very British problem，不管好天氣或壞天氣，都可以有話抱怨一下。

剛來英國時，英國人喜歡問我還適應英國的天氣嗎？似乎試圖要扭轉我這位「外國人」對天氣的刻板印象，英國不只有雨天，也是有晴朗的晴天與美麗的藍天白雲。

我後來發現這些英國人不是單純地客氣問候，是真的他們很喜歡聊天氣。因為天氣實在很多變，好天氣時大家喜歡讚嘆一下這難得的陽光，天氣不好時大家一起抱怨一下爛天氣。變化多端的天氣給了大家很多靈感，創造了很多有趣又貼切的形容句。

我就有樣學樣，跟同事沒話講、氣氛乾的時候，就聊天氣吧。我都會先說今天天氣如何，例如：**The weather is so awful today.** 今天天氣真糟。**It's a lovely day today, I hcpe it will be like today on the weekend.** 今天天氣真好，我希望週末的天氣也是如此。

各種貼切又詼諧的天氣形容語

我開了頭之後，同事就自己會接上話了。聊天氣的句子不外乎好或不好、晴天或是雨天、憂鬱或是開心，通常聊起來大家都有同感，感嘆為什麼晴天這麼難得，老是陰天都覺得很憂鬱，好想去永遠晴朗的地中海渡假。

英國天氣翻臉像翻書，春天時可能上午下雪颳風，接著下午出太陽，英國人很幽默地創造出 4 seasons in a day. 一天之中有四季貼切形容。夏天時藍天中有一朵烏雲飄過，開始下雨，十分鐘後烏雲飄走雨停了，英國人就說 You will be dry in 10 minutes. 你十分鐘後就乾了。每次我聽到這些超貼切又有點好笑的形容句，都覺得你們說天氣說得太準確了，難怪天氣是大家第一名的話題。

什麼樣的天氣都可以抱怨

除了天氣好壞可以抱怨，體感溫度也可以抱怨。天冷的時候就抱怨超級冷，例如才九月而已，怎麼就已經冷成這樣，只有十三度。由於英國緯度高、氣溫低，天冷是正常的，二十五度以上的暖和氣溫很稀有，然而英國人對於好天氣也很愛抱怨，常常抱怨太熱了。

真的是不惜福呀！夏天氣候熱一點，英國人就大叫「好熱喔、好熱喔，受不了！」英國大多數的房子都沒有冷氣，有些同事會自備小型電風扇在辦公桌上吹，邊吹邊抱怨好熱。然後隔幾天陽光不見了，轉為涼爽陰天，又開始抱怨，這是什麼鬼天氣。

太熱不行、太冷不愛，真的什麼天氣都可以抱怨啊。

聊足球，同事眼睛一亮

除了天氣，我發現「運動」也是個常常出現且不厭倦的聊天題材。

足球是英國的國球，最受歡迎的運動，通常英國人都會有自己支持的隊伍，週末會看電視的足球精華賽事，辦公室的同事們有時候會聚集在一起討論足球賽，聊得口沫橫飛。昨天的賽事一直僵持在0比0的比數，然而倒數一分鐘的最後進攻機會，踢進一球得分贏球，津津有味地回味著。就好像在台灣聊棒球，平分、九局下半、兩好三壞滿球速、轟出一支全壘打、贏球！

一開始這些足球語言，對我這外國人真的是比英文還更外星語，完全不懂他們在說什麼，什麼比賽、什麼球隊、哪些球員，完全霧煞煞。

為了想要有融入感，我就跟著看幾場球賽，了解一點點之後，發現跟同事聊足球只要掌握三個要點，就可以假裝有豐富知識跟同事搭上話題，友善友好的蜻蜓點水聊一下。

必問同事的足球問題

第一題我必問同事的是你支持哪個足球隊？Which football team is your team? 你

的足球隊是哪一隊？如果同事是足球迷，他就會回答我是哪個足球隊了。英國人通常都是支持他家鄉的隊伍，或是支持某支大球隊。

知道了他支持的隊伍之後，就可以往下問下去。為什麼你支持這隊？同事就會講他選擇支持的原因，通常都會聽到一番故事，我爸爸支持這隊，我小時候他常帶我去看現場，所以我也支持這隊。

如果是我不熟的足球隊，我就會問說這支球隊是在哪個聯盟裡？‧**Which league is this team in?** 他們這季成績好嗎？‧**Are they doing well this season?** 同事一聽到這兩題，覺得我對足球也有一點興趣，自然而然開啟話匣子，介紹起他的隊伍以及感想了。

我會默默記下同事們喜歡的隊伍，如果剛好我有追到賽事，他們遇到強敵或是在重要賽事時，就會跟同事說祝你們這週比賽好運，若是輸球則安慰地說希望你週末沒有太傷心。

當假球迷的關心賽事

我不是個足球迷，但是偶爾還是會關心一下重要賽事，英國賽程很好掌握，通常五月是各個大賽或聯盟比賽的尾聲，各個足球迷心繫自己隊伍的戰績，正好是聊天好

時機。

我會瀏覽 BBC 的運動網，知道有沒有什麼重要比賽或是驚人戰績，大球隊通常就有那幾隊而已，重要比賽幾乎都是兩支大球隊的對抗賽，舊仇加新恨，看這次誰會踢贏。英國媒體通常都很會作文章，賽前建構比賽的刺激性，所以簡單瀏覽標題就大概知道話題了。

我有個同事是超級的曼聯迷（註：曼徹斯特聯足球俱樂部），他會在重要比賽前夕，緊張得睡不了覺。我有時候會戲弄他，開開他玩笑，在比賽前我會問他你最近睡得好不好呀，對明天的比賽有沒有把握贏呢？還是你支持的隊伍會被踢爆？他就會緊張地說不會被踢爆啦。有時候曼聯輸得太慘，得知比分差太多時，我就會開玩笑地說他們怎麼沒有請你上場，踢入致勝球。

足球賽事幾乎每週都有，但是超級球迷把每一場球隊勝負都視為生死攸關的重要大事，有時候我以旁觀者看他們的癡心支持，覺得不可思議。看到同事可以把歷年來的球賽、球員表現、球隊經理如數家珍，比對英國歷史還了解，我聽得目瞪口呆，這時候就真的只能當聽力練習課了。

到英格蘭足球主場的溫布利球場看球。

辦公室英文

Cuppa

– 一杯茶 –

名詞

這是 cup of tea 一杯茶的口語說法。英國人很愛喝茶，要字正腔圓地說一杯茶有點太饒口，就省略簡說用 Cuppa 一個字搞定。

常見句子有 Do you want a cuppa ？ 你想要來杯茶嗎？ Make a cuppa 泡杯茶。

3 你不知道的英國茶道規則與趣事

之前在台灣上班時，常常會跟同事一起去買手搖杯，但是在英國上班，沒有手搖杯可以買，怎麼辦？我只好入境隨俗，改跟英國同事一起泡茶，不是泡老人茶、也不是泡下午茶，而是很一般又日常的英國茶。

英國人到底有多愛喝茶呢？

在英國辦公室泡茶，就像是跟呼吸一樣自然，也是小團體的活動跟八卦時間。

這幾年在英國，我也被同化慢慢養成英國人的喝茶習慣。一進到辦公室，如果不先來一杯茶，就覺得無法展開新的一天。午餐後也一定要來一杯，午餐前跟回家前，非常有可能還各再來一杯，一整天在辦公室，除了認真上班之外，就是不停的在泡茶。

英國平均一天喝掉一億六千五百萬杯茶，除以全國六千四百萬人口，平均是每人一天二點六杯茶，統計值包含不能喝茶的小嬰兒。所以在辦公室一天泡三次、喝三杯，只算是平均值啦！

團隊友愛精神，泡茶也要揪團

我剛開始學英國人泡茶的時候，覺得泡茶應該很容易，有什麼困難嗎？步驟就是走去茶水間，把茶包丟到杯子裡，沖熱水倒牛奶，泡茶完畢，回座位繼續努力上班。

喔不，英國人跟我說泡茶處處是學問，而在辦公室裡泡茶，更有看不見的人際公關術。

想喝茶了，要起身去泡茶前，一定要先問鄰近同事：我要去泡茶了，你也要來一杯嗎？**Do you want a cuppa?** 如果也有想喝茶的同事，他們就會遞上自己的杯子。

遞上來的杯子通常是髒的，因為他們總是在要喝下一杯茶時，才會洗掉茶杯殘留的髒汙。所以泡茶之前的第一個動作，就是發揮同事愛，先洗髒杯子！

所以當我想喝杯茶了，除非是默默地趁大家不在座位上時，快速跑去泡茶，不然就得不能免俗的問一下同事，想來一杯茶嗎？包括那些杯子常常都很噁的同事。

不過同事們也會互相禮尚往來，有時問我要不要也來一杯，真像是個暗號一樣。

泡英國茶的步驟

英國茶泡茶法，我是跟著同事在辦公室學的，通常大家泡茶的方法都大同小異，偶爾有創意的同事步驟會不太一樣。

❶ **燒開水：**把電水壺加入冷水後，按下去煮熱。有的同事會先將原先的水倒掉，堅持一定要用新的水泡茶，我心裡想有差別嗎？

❷ **把茶包放進馬克杯：**通常大家喝的茶都是普通茶，但偶爾會有人指定特殊茶，就得記得是哪位同事、哪個杯子、哪種茶。

❸ **將滾燙的開水倒進馬克杯中：**根據達人名家推薦，泡茶熱水溫度是八十度，但沒有人在辦公室有閒工夫等熱水變冷，或是加入些冷水，用溫度計測，調溫度到八十度啊。

❹ **加糖加新鮮的牛奶：**英國人喝茶，一定是加新鮮牛奶，不是人工合成奶精。在辦公室裡泡茶，這個步驟考的是記憶力不是泡茶能力，不同人有不同的喝茶喜好，有人只加鮮奶、有些人加糖，加多少鮮奶、加幾匙的糖，都是因人而異的事。隨著泡茶杯數增加，當超過四杯時，步驟就可能相當複雜，真是記憶力大考驗呀！

另外加多少新鮮牛奶，也是個學問。有人喜歡奶味超重的茶，整杯茶的顏色超白到像牛奶般的白，這時候，愛喝只加一點點牛奶的愛茶人士就會不禁在內心嫌棄，你這杯也敢叫茶？

❺ **攪拌、攪拌、再攪拌：**當鮮奶跟糖都加好之後，就是用小湯匙攪拌的時候了，叮叮叮叮的湯匙碰撞茶杯的聲音，根本是茶水間的主題曲了。

❻ **將茶包撈起來丟進垃圾桶：**何時將茶包撈起來，也是個看不見的學問。泡完茶後快速地把茶包撈起來，就是杯淡茶；讓茶包多在茶杯裡待幾分鐘，撈起來前還用力的擰一下，就是杯濃茶。

這個動作，我認為是泡茶的終極藝術，茶包該在杯子裡幾分鐘，才能沖泡出完美茶味，符合個人味覺喜好呢？茶包品牌的茶葉配方，更是這項藝術的極大變數，因為每個茶包品牌本身茶葉的濃淡度都不同。用相同的方式跟時間，泡兩個不同品牌的茶包，兩杯茶的濃淡度可能完全不同。

要有杯完美濃淡度的茶，我的心得是「全憑感覺，自由心證」。

我個人喜歡不淡不濃的茶，同事羅斯喜愛強勁濃茶，他經手泡的茶全都是強勁濃茶，所以當他友愛地詢問我要不要喝茶時，我通常都會婉轉拒絕說，不用了謝謝，我

不是很渴。然後等他泡完一輪回到座位上後沒多久，再偷偷地溜去茶水間泡杯「我的茶」給自己。

泡茶步驟順序不同，也會影響茶的味道？

有次同事薇琪跟我說，他很堅持要先撈茶包，再倒糖跟牛奶，如果順序反了，茶的味道會不太一樣，相當堅持的個人喜好。

因為薇琪相當堅持味道不同，我有照他的方法改變一下步驟泡茶，老實說，我真的喝不出差別呀。說穿了，茶杯裡的原料都是一樣的。

我也有看過有人泡茶事先倒牛奶入杯子，再倒熱水的。雖然這樣泡茶法似乎比較不普遍，有人就是這樣泡茶，我個人是覺得沒有爭論正確步驟的必要性，完全都是習慣跟喜好。但是你如果詢問標準愛茶人士，一定會有英國人發聲討論應該怎樣泡茶，為什麼我這樣的泡茶方式才是好的，一定有差別！

泡茶是同事的八卦時間

泡杯茶，是辦公室裡光明正大的休息時刻，離開一下座位跟電腦，起來走動走動，

適當的休息一下，但也不好意思休息太久。

有一陣子我們部門很流行泡茶，之前不常泡茶的同事也加入泡茶小圈圈，突然間泡茶的杯數，增加到六到八杯！泡茶時間也延長了，從短暫快速的休息，變成可能會好一陣子的休息。

每次泡茶都至少有兩三位同事一起去，燒水的時間增加了、洗杯子的時間也增加了、考驗每杯茶的牛奶量跟幾匙糖的難度也增加了、同事們聊天碎嘴的時間也增加了。泡茶之餘，閒聊周末去哪裡、昨晚發生什麼事情，抱怨一下某個案子，把茶水間變成私人聊天室。

有時候我工作很忙，只想匆匆去泡一杯茶給自己，走到茶水間，看到別部門的同事正忙著泡四杯以上的茶，如果是快泡好了，我會稍微等一下，但如果才剛開始，我就會默默地退出茶水間，大概等十五分鐘後再去。

不然我就只能在茶水間發呆，因為茶水間裡有先來後到的順序道理，我得先等先來的人泡茶完畢，才能使用熱水壺煮熱水，不能趕時間的蠻橫插隊。

隔壁部門有一組婆婆媽媽三人組同事，我每次在茶水間碰到她們時，都覺得我當天特別幸運。因為這三位愛茶人士，不只愛茶也愛聊，總是非常優雅的沖泡茶、悠閒

地聊天，超愛攪拌茶杯，叮叮叮叮湯匙撞擊茶杯的清脆聲音，可以長達五分鐘之久，也不怕我聽到她們瑣事八卦，但我為了耳朵不長繭，都是先默默退出，晚點再去。

畢竟上班時分秒必爭，為了這群婆婆媽媽損失寶貴時間，不值得呀。

傳統英式早餐配上一壺英國茶。

辦公室英文

Coffee Break

－短暫工作休息時間－

名詞

英國人通常工作告一段落，短暫休息時，都會喝杯咖啡或來杯茶，放鬆喘氣一下，因此就用 coffee break 一詞，代表中場短暫休息時間。

4 辦公室的團購活動：喝咖啡

英國人愛喝茶是全世界都知道，這幾年來美式義式咖啡連鎖店盛行，很多英國人都轉往咖啡領域，尤其在辦公室，愛喝咖啡的也不少。

據我在辦公室觀察，通常喝咖啡的是一掛，喝茶的是另一掛。泡茶有泡茶之道，當然喝咖啡也有相關的生存法——相親相愛揪團買咖啡。

不知道為什麼，公司裡喝咖啡的同事幾乎都是買咖啡，很少自己泡咖啡的。很有可能在辦公室設備不足，很難自己沖泡出好喝的咖啡，只有普通的即溶咖啡。公司也沒有提供膠囊式咖啡機，更沒有閒功夫來杯手沖式的濾掛咖啡。

所以想喝杯好咖啡的同事，就直接省事省時到公司裡附設的咖啡廳買咖啡。

買咖啡就類似台灣辦公室的團購活動

英國辦公室沒有團購買商品、訂便當或飲料的習慣，我覺得一起去買咖啡算是最接近團購的活動，同事想喝咖啡要去買一杯時，就問一圈有沒有人也想喝的？大家

公司附設的星巴克咖啡廳。

輪流去買，同事輪流問，就很容易一杯接著一杯喝不停了。

我不太喝咖啡，在辦公室裡不是咖啡咖，但是我迷上喝特殊茶，例如Chai Letta，所以有時候去買一杯時，也會問鄰座同事要不要來一杯咖啡，發揮同事友愛精神。

疏不知幫同事買咖啡，有時對我是個考驗，同事們常託買隱藏版的咖啡，很愛點不是在看板上有的咖啡飲品，或是跟我說義大利文的咖啡名稱，我就會一愣，啥啊？一臉迷惑的回看，幾次下來，我只好厚臉皮地請同事寫下來，或是硬生生地死記咖啡名，點咖啡時舌頭打結的唸品名，完全是考我的記憶跟英文能力。

辦公室湊銅板運動

代買咖啡就是大夥一起湊銅板的時刻了，也是考驗同事間對金錢的態度。收到的訂單可能是兩杯咖啡、一瓶水、一罐可樂，然後大家起身掏口袋，拿零錢給代買人，一杯咖啡大概是一點六鎊到二點八鎊之間，水一瓶是八十七便士，這完全是辦公室掏銅板運動！

如果銅板不夠就只好賒帳。賒久了可能會算不清楚，去買的人可能就得慷慨不計較的請這一杯，或是相信這位同事，之後輪他去買咖啡時會記得回請。

買咖啡的交際，小錢結交好交情

我因為不是購買常客，當遇到同事掏不出零錢，或是我沒有足夠的零錢回找他時，就只好說算了，就當是套交情的公關費了。硬要算幾鎊幾便士的，感覺很小家子氣，似乎沒有看過同事這麼斤斤計較的。

我最喜歡遇到平常很忙的部門總監突然有空去買杯咖啡，順道問大家要不要來一

杯。或是問到總監也要團購，掏出一張十英鎊紙鈔，這種場合通常他會大請客，要來一杯的通通是總監買單，大家也不用掏銅板掏半天了。

我發現其實大部分的英國人不會太計較這些飲料錢，就像是去小酒館Pub喝酒文化一樣，大家一輪一輪的去買啤酒，一輪一輪的互請，沒有拆帳買單的現象，好像你不給我請就不給面子的感覺，我們一起喝是哥兒們的交情。

我在辦公室不上道的警世故事

通常鄰近的同事問你要不要順道喝杯咖啡或茶，是同事間敦親睦鄰的行為，但是如果有主管級或是隔很遠的同事特地來問你要不要也來一杯時，就是非同小可的套關係了。

我通常一向都是自己泡茶，因為我喜歡喝不同口味的紅茶，不喝咖啡。有一陣子需要與一位行銷部的總監級經理合作。有次開會前，他打分機內線電話給我，說他要去買杯咖啡，要不要順便幫我帶一杯。

突然被這麼意外的一問，望著我剛泡好的一杯茶，我直覺地回答不了，謝謝你的邀請。頓時對方可能也被我這麼一回，感覺被澆了冷水，電話裡空氣突然凝結，超級

尷尬。

他大概也從來沒有聽過這麼白目地回應吧，別人巴不得跟他攀關係，我卻兩句話就把他的好意拒絕，當時頭上就像烏鴉飛過。我只聽到他回我：喔，至少我問過了。從此以後，我們雖然照常開會，但他再也沒問過我要不要也來一杯，我當然沒被認為跟他同一掛的。

這真是我慘痛的教訓呀，平時同事間一起喝茶或一起買咖啡的交際活動，可以用小錢結交好交情。

愛咖啡更愛惜高級咖啡機

朋友賽門跟我說他公司空降總監的離譜咖啡機故事，完全是跟我公司相反的狀況，我聽完也跟著覺得嘖嘖稱奇。

賽門的公司位處一個小鎮，公司大概有二十個人，公司附近沒有什麼咖啡店，空降總監愛喝咖啡，上任沒多久，用了公款買了一台二千英鎊的高級咖啡機，任性到極點。

他殷勤地教導其他同事如何正確地使用咖啡機，深怕愛機壞掉。

有一天他發封email給全體員工，說明請保持廚房清潔，不要有任何的茶漬、咖啡漬，或是骯髒的馬克杯。看起來要求很合理，結果賽門去廚房一看，馬克杯、湯匙、茶包、糖包、咖啡罐都整整齊齊的，只有高級咖啡機上有些咖啡粉，是使用完畢沒清理乾淨的咖啡粉！

我們只能笑說這位總監真是異於其他英國人的瘋狂，但是既然他是總監，要求的原則也算正確的，大家同處一個辦公室，也只能配合了。

在倫敦最高樓「The Shard 碎片大樓」，眺望景觀喝咖啡。

倫敦金融區，1881 年建造的維多利亞式 Leadenhall Market 利德賀市場。

辦公室英文

Charity Fundraising

－慈善公益募款－

名詞

在英國慈善公益募款很常見，英國人經常會個人自發性發起慈善募款活動，舉凡慢跑、騎腳踏車、爬山……各種運動，甚至烘培，都可以舉辦公益募款，捐給指定的慈善團體。

5 拜託請捐錢給我！比上班還認真地做公益

奇裝異服的倫敦馬拉松大賽，不只跑步還有慈善募款

每年四月的某個週日是倫敦馬拉松日，我雖然沒有參與，但早早就期待著當天看電視轉播。倫敦馬拉松總是有很多民眾穿著奇裝異服跑馬拉松，目的是吸引注意，為自己贊助的慈善單位募款。

有人穿著新娘禮服或卡通人物玩偶裝跑步，有人打扮成恐龍、鴕鳥、蜥蜴……等等大型動物，也有人扛著道具洗衣機、英國紅色電話亭。複雜一點是兩人一組扮成駱駝，甚至三人一組的消防隊扛著消防車一起跑步。

我從電視中看著幾乎只在迪士尼樂園才會出現的裝扮，除了佩服，心想穿成這樣跑步不會太重或是太熱嗎？鴕鳥的視線幾乎都被擋住了，看得到路嗎？

個人感性訴求參與馬拉松募款的原因

我會關注倫敦馬拉松跑者，起先是因為我同事的募款呼籲信。

週三收到同事威廉的一封信，告訴大家本週日他要去跑倫敦馬拉松，請大家資助他，捐款給他指定的慈善團體──癌症研究中心。去年他親近的祖母因為癌症過世了，他化悲痛為力量，參加馬拉松活動，這是他第一次跑馬拉松，希望能為研究中心募款，繼續造福其他的癌症病患。最後附上個人線上募款網址，告訴我們他的募款目標金額、目前達成率，大家可以直接線上捐款，捐款的錢是直接匯到癌症研究中心，並不是入他的個人帳戶。

威廉雖然沒有奇裝異服裝扮成卡通人物去跑步，但是他的心意跟其他為募款而跑的民眾是一樣的。**幾乎每一個參與馬拉松跑步的人，都有投入募款活動，請親朋好友捐款到自己指定的慈善機構。**

倫敦馬拉松去年的慈善募款總金額高達六千萬英鎊，相當於兩億新台幣。

英國人習以為常的運動順便做公益

我在英國第一次收到這種捐款請求信時覺得很新奇，去跑馬拉松，還可以拜託親

友贊助捐款？後來開始在辦公室陸續收過其他同事的慈善募款呼籲信，說明他要參與什麼活動、為什麼這麼做、哪個是他指定的捐款慈善機構。

我才發現，這是英國人稀鬆平常的自發性公益活動，早已行之有年，大家都很習以為常，結合運動跟公益募款。任何運動都可以有公益慈善募款，全馬、半馬、三項鐵人、腳踏車車隊、一百英里競走、湖中游泳賽，只要是具規模的運動活動，英國人都習慣自行發起慈善募款，鼓勵運動健身和挑戰自我，更助益慈善跟弱勢團體。

同事跟親朋好友的捐款也是自發性的，如果認同這個慈善團體或是這位同事的精神，幫他打個氣，就直接上網捐款。捐款是不記名的，沒有強制一定要捐款，就靠同事個人魅力跟交情了。

這樣的思維算是顛覆了我以前對公益活動的既定印象。

以前覺得上班是上班、公益是公益，兩邊通常不太有交集。公益是個人的事情或是大企業偶爾公開的社會公益活動。但自從在英國上班後，漸漸地覺得公益在每天工作的辦公室，可隨手做的事情，原來公益這件事情可以真正落實在生活中。

烘培募款也是辦公室裡常見的慈善活動

辦公室裡也常出現其他方式的慈善募款活動，烘培募款活動算是常見的。幾位喜歡烘培的同事會在家裡烤杯子蛋糕、餅乾……之類的糕點，拿到辦公室義賣，一個糕點賣一鎊，大家自行享用跟捐款。這些自己出資烤蛋糕餅乾的同事，原料花錢不手軟，都是很講究的挑選麵粉、糖霜……等等，將糕點裝飾的漂漂亮亮，完全不會因為公益而省材料，相反的會想要拿出壓箱的手藝法寶，博得好評。

同事們也很捧場，有時候好吃的糕點還得早點去搶，賣完就沒有了，即使現在不餓，還是先買起來等下再吃，這是做公益，減肥明天再說。

喜歡烤蛋糕的同事卡羅跟我說，他利用甜點來募款已經行之有年了。這個方式最早是某個慈善單位想出來的方式，他們會寄原料包、食譜、派對裝飾跟募款箱給有意參加的民眾，大家就會辦個小型派對，邀請親朋好友，義賣蛋糕餅乾兼募款。

部門裡也辦過烤糕點大賽，模仿英國著名真人烘培競賽電視節目The Great British Bake Off，有興趣的同事報名參加，連續四週烤不同的海綿蛋糕、杯子蛋糕、薑糖餅乾、布朗尼給同事試吃評比。想試吃，就請捐款贊助指定的慈善單位！最後的贏家同事雖然沒有任何獎金，只有口頭鼓勵性質的冠軍頭銜，但是大家都玩得開心，吃的愉

快，同時也募了不少款，真是三贏的結果。

男同事靠蓄鬍子做公益募款

另一個辦公室很流行的慈善募款，就是十一月的「Movember」公益活動，辦公室很多男性同事開始蓄起整整一個月的鬍子，喚起對男性健康問題的意識重視度。

實際狀況是男同事們在比邋遢感、造型度，一天過一天，鬍子越來越長，看起來越來越有「個性」！男同事們也會寄出公益募款信，請親朋好友參與，捐贈金額給發起這個活動的慈善單位。這時候就有點尷尬了，如果只有一筆捐贈金額，要用哪位同事的名義捐贈比較恰當呢，完全是隱性地競爭。

公益善心就在公司出清特賣會跟募款活動

公司因為是零售業，每一季都有樣品出清（Sample Sale），便宜出清的收入就是捐給慈善機構。

通常公司的樣品出清都是超低價，可以用很便宜的價錢買到好商品，因此開賣前三十分鐘大家就已在門口大排長龍等著大血拚，因為實在是太低價了，每個人都是殺

紅了眼看到商品就拿。在這瘋狂搶貨之下，很容易買了不需要的商品，事後結完帳查看剛買的商品時，看到亂買不需要的東西，就只能心想反正這是做公益，就當作捐款給需要的單位吧。

冬天時的慈善活動更多了，例如聖誕節前的彩票抽獎，物資跟聖誕禮物募集給地方慈善團體。印象中比較特別的物資募集是請同事捐出不要的冬天大衣外套，捐贈給無家可歸的流浪漢度過冬天，我眼尖在捐贈箱內看到不少名牌外套。

公益募款少了個人斂財的聯想，多了透明公開流程

在台灣很多個人募款都會有斂財的聯想，懷疑募款資金最後是不是給慈善單位，還是另有其他不正當的用途。在英國我覺得這種負面思考比較少，一方面是信任感，加上公益行動較普及。另一方面是**很多捐款都採直接線上捐款，金錢直接捐給慈善機構，發起人並不經手金錢，只是呼籲，跳過金錢的轉手，是直接透過透明公開的平台。**

慈善募款在英國幾乎可以算是個產業，深植每個環境、場合、個人、團體，只要有心，處處都可以主動投入募款給慈善單位，不需要等待官方、大型機構或特別活動才能開始。很多主流報紙跟雜誌，都有文章教大家如何發起捐款活動、如何提高捐款意願等小技巧。

很多英國人都起因於個人經驗開始，例如親人過世或生病，為了幫助自己走出來，或過程中受到慈善機構的幫助，於是著手發起公益募款。這開啟了正向能量的循環，慈善機構有更多資金，可以幫助更多的人，後續就有更多的人願意幫忙募款。

如此一來，就帶起生活中的風氣，募款是稀鬆平常的事，一點也不突兀違和，每個人都能榮幸地順手參與。

羅馬古城巴斯的圓弧建築 Royal Crescent。

辦公室英文

Sweepstake

－獨得的賭注，小賭的意思－

名詞

Stake是賭注，Sweep是打掃或席捲的意思，兩個英文字合起來就是獨得的賭注。

小賭是英國辦公室的樂趣，尤其是重要運動賽事，例如世界盃足球賽、歐洲盃足球賽。

6 辦公室西八啦！小賭有益情誼交流

四年一度的世界盃足球賽又來了，同事們非常期待比賽，同事間早就討論不已，談論著英格蘭隊的對手，勝率是如何，哪一隊的籤運真好，小組賽沒有強敵。

我則是期待辦公室同事間的小賭。

辦公室裡除了賽事討論，最有趣的就是 Sweepstake 小賭活動了。Sweepstake 英文的正式翻譯是賭賽馬獨得的總彩金，我認為比較貼切的解釋應是運動小賭才有意思。

小賭抽籤靠運氣

同事將世界盃三十二支隊伍，做成三十二張彩票，一張彩票是一個國家，一張彩票賣一英鎊或兩英鎊，採隨機抽彩票，看你抽到哪支隊伍，完全看運氣。

我就帶著我的兩鎊，去找主辦的同事湯姆抽籤，聽到湯姆在討論哪些強隊還沒被

英格蘭中部的鄉村建築。

抽到，先抽比較好還是後抽比較有利。我心裡則想到高中時念數學，機率算下來都是一樣沒差啦。

抽籤時，其他同事們都等著看，是不是抽到強隊，結果我抽到了支南美弱腳隊，一看就知道會在小組賽時就輸掉，只好自我安慰兩鎊算是作公益。

英國人小賭幾乎是全民運動

英國人客氣有禮貌，通常每個人都是只買一張彩票，如果因為不滿意抽到的隊伍，還想買第二張的話，通常都會等到賣的差不多之後，才開始第二輪的購票，絕對不會有人一口氣就先買好幾張，讓遊戲喪失了樂趣。

小賭活動醉翁之意不在酒，樂趣就在同事間的交際，雖然我目前尚未贏過，但每每有小賭活動，我都還是會參加，藉機跟同事聊天，你抽到哪支隊伍啊？你運氣不錯喔。或是一同哀怨，抽到了爛隊，我們來比誰踢的爛。

英國房子中常見的壁爐。

世界盃的小賭是辦公室的全民運動，幾乎每個部門都在玩。這小賭甚至可以說是全國活動，因為各大報紙、雜誌、網站都會印好彩票圖檔，大家只要影印圖片，直接剪下彩票就可以了，不必費心的需要自己畫表格印彩票。街上博弈的店家或是超市都有提供彩票購買服務，回家路上買張彩票來試試運氣。

有些同事人緣好愛交際，就會跨部門小賭。今天在這組抽到爛彩票，明天在別組抽到冠軍隊。

小賭彩金不忘做公益

通常發起人會分配彩金，例如冠軍隊伍得主拿二十英鎊彩金，亞軍少一點，第三名退回賭金不賠也不賺。

有時候發起人也會隨手做公益，將一部份賣彩票的收入當為公益金，捐給指定的公益團體。我覺得英國人普遍都有日常作公益的認知，不必特地的辦個活動搞公益。只要日常的小活動，順手搭上愛心，即使只有一點點的捐款金額，也是有幫助。

Sweepstake 的小賭通常是賭運動賽事，世界盃足球賽、跳賽馬競賽都是常玩的活動，有時候也會賭一下電視的真人實境競賽節目，例如英國誰是接班人 The apprentice、The X factor 歌唱比賽，看誰抽到冠軍就贏了。總之，有很多隊伍或人選，加上不可預測性，就可以小賭了。

真正運動博奕，悄悄進行不聲張

辦公室的小賭大家都熱熱鬧鬧的參加，但是真正的大賭，英國人都是默默地各自在下班時間進行。

英國的博奕是合法的，運動就是熱門的賭博項目了，有很多不同的博奕公司，推出不同的賭法，走在路上常常看到街角就兩三家博奕公司。每到週末，博奕公司的門口就會登出熱門球賽的賭盤作為廣告吸引注意。

我沒有賭過，但是偶爾聽同事談論賭法，我都嘖嘖稱奇。賭盤不是只有哪隊輸贏、輸贏幾分而已，還可以賭哪隊、哪位球員先進球，還有哪隊發幾個角球……等等玩法，比賽中間可以繼續下注、想要在比賽前提前收盤兌換也可以。

換言之，只要你想賭，絕對有超多玩法任你選擇。

在英國民眾心中，博奕還是佔有負面的印象較多，因此如果同事有賭博，大多悄悄進行。少有聽到有人是專業玩家，通常都是週末為了要去看球，偶爾興起玩一下，要不就是有意無意的注意賭盤，彼此互相討論。大部份的人認為偶爾賭一下無傷大雅，單純好玩，不會過於嚴厲的道德批判。

搶張戲票去看「哈利波特：被詛咒的孩子」舞台劇。

週末到劇院看了場舞台劇。

PART 5

英國辦公室的心酸與驚喜

辦公室英文

Canteen

– 食堂 –

名詞

英國的公司或學校，如果有附設的餐廳餐飲部，都稱之為 canteen。通常餐飲部所提供的餐飲食物都需付費購買，但價錢通常會比外面的餐廳優惠。

午餐，便當不能太香

中午時刻我好餓，快速地去微波爐熱我的便當，然後回到座位上，立即埋頭吃起來。同事亞當聞香後，好奇的問，你今天吃什麼？

我臉紅的回說，啊！太香了嗎？真歹勢。

我的午餐通常都是中式料理便當，將前晚多煮的料理跟飯裝便當帶到公司，中午在辦公室內加熱。每次同事問我午餐便當有什麼菜色，我都覺得很心虛，代表我的便當太香了，引起同事關注，很不好意思。所以常常中午拿出我的便當時，都有點戰戰兢兢地，趕快吞食，深怕又香到同事了。

辦公室內我的中式便當，出名的香味四溢

在辦公室食物香香的道理，就好像在電影院，如果有人帶著香味濃厚的食物進場看電影，小小空間裡，大家都聞到食物香味，無法專心看電影。

所以在辦公室的空間裡，當我的便當太香，就會吸引「好鼻師」同事的注意，同

事們其實是好奇而問，但我就是會覺得不好意思。對照於同事無香味的午餐，我的台式便當，在我們這組之間，很出名呀。

長年累月，我的便當也測試出英國人對食物香味的敏感度，咖哩類是很快就有反應，熱炒雞肉牛肉，像是三杯雞的香味，大家不討厭，反而很想嘗試吃吃看。最惹人厭的香味是海鮮魚類，很多英國人不吃魚，不愛魚腥味，魚香味就很容易偷偷惹來白眼。

在辦公室吃午餐比速度比簡單

對照我很香的便當，同事亞當的午餐就簡單很多，一個潛艇堡跟一小包洋芋片，當我還在細嚼慢嚥吃我的便當時，他大概十五分鐘就吃完了。

英國人的午餐，通常都很簡單，尤其在忙碌的辦公室，英國同事為了省時間，大多都是坐在辦公桌前，一邊用電腦一邊吃午餐。可能為了要快速方便，加上習慣，午餐通常是吐司麵包的三明治、法國麵包的潛艇堡、薄餅捲、加熱的帕尼尼三明治或是沙拉、熱湯加上麵包，沒什麼強烈味道。

不管吃什麼，大都是三明治的概念延伸，用白話文說，就是麵包夾餡料就是了。

午餐的原則就是簡單方便，如果夏天天氣好，到陽台或公園曬曬太陽吃午餐，也是快速半小時內就解決。

英國人午餐不吃太飽的理由

有時候我午餐的便當好大一個，相較於同事的一份三明治，份量顯得大很多。同事卡羅的午餐通常都是一盒自製的沙拉，配上一盒優格，有時候再外加一小包洋芋片。我笑說，這樣的組合，大概是我的前菜而已，如果午餐這麼吃，我大概一小時後就餓了。

卡羅說，其實她常常在每天下午三四點時，就覺得肚子餓，但是依然不改午餐菜色，依舊以沙拉為主。她矜持了很久，終於告訴我原因，午餐吃太飽容易想睡覺，想睡覺就無法集中精神工作。

我深深覺得這樣的想法好理性呀，我通常都是先吃飽了再說，沒吃飽肚子餓，反而無法專心工作，怎麼跟英國同事卡羅的想法剛好相反。

到小酒館享用一份經典炸魚薯條。

英國經典食物，都在餐飲部出現

我們公司因為員工有上千人，所以設有需付費的餐飲部，供應冷食的自由組合三明治點餐櫃台，也有熱食餐點。熱食部雖然會換菜色，但根據英國人的飲食習慣，相當容易預測菜單。

每天一定都會有烤馬鈴薯（Jacket potatoes）跟英式番茄燉豆（Baked beans），這算是英國最家常且不會出錯的料理。每週五一定是炸魚跟薯條，這是英國傳統習慣的週五菜色，週五就是要吃這道。其他常見的有牛肉或雞肉派、英式香腸跟馬鈴薯泥，有趣一點的會有印度咖哩、烤半雞、美式牛肉漢堡，這些都算是基本款的英國菜色。

通常國際知名大公司，例如谷歌 Google、臉書 Facebook，每天無限量供應各國美食跟零食飲料，早午晚三餐都包，我還沒聽過新人去那上班，沒有不胖個兩三公斤的。

公司廚房有一整排的微波爐設備。

午餐時間同事間不需要互相等來等去

記得以前在台灣上班時，午餐時刻，大家會討論要去哪吃、訂哪一家便當，同事問彼此等來等去就花掉好幾分鐘。在英國上班後，我發現大家很少躊躇考慮午餐要吃什麼，或是晃半天詢問其他同事要不要一起去買午餐，通常都是個體獨立行動。

有些同事習慣有固定午餐時間 Lunch break，這時候就有志一同的在十二點時，兩三個人一起準時前往餐飲部，一起坐在飲食區快速解決午餐。

中午十二點一到，餐飲部頓時湧入人潮

我覺得英國人都很準時吃午餐，因為十二點一到，餐飲部跟廚房頓時湧入排隊人潮，晚個幾分鐘，就得排在很後面。

不止我辦公室的同事吃飯準時，我觀察我負責的電子商務網站的流量，在重要銷售日，例如黑色星期五當天，中午十二點的流量也明顯的準時降低些，我猜想英國人都是先吃午餐去了。

公司除了餐飲部，中午十二點另一個最恐怖的地方就是廚房，因為員工人數眾多，午餐時很多人需要加熱食物，微波爐全部擺在同個廚房內，一字排開有十台。中午一到，每台微波爐都瞬間有人在使用，所有的微波爐電波齊開，我每次加熱便當，都避

免在熱門時段，除了不想排隊等很久，還可以避免遭受電波的攻擊。

點自由組合的潛艇堡，真是緊張的大考驗

我有時候沒帶便當，餐飲部熱食又找不到想吃的，就會去點自由組合的潛艇堡。每次點餐，自由搭配餡料都很緊張，覺得真是天大的考驗。

點自由組合的三明治，就像是連鎖店 Subway 一樣，櫃子裡有各種火腿肉類、起司醬料、洋蔥、橄欖、番茄、綠色沙拉，還有不同款式的麵包。

每次排在我前面的同事都很駕輕就熟的點餡料，我要這種麵包配上這個加這個加那個，清楚的給指令，甚至連櫃子內有什麼餡料都不必看。

我則是看了半天，腦中考量該怎麼組合比較合口味，又不太肯定的說出該食物的名稱，或是只好用手指這個。有時候說話的音量有點小，做三明治的人聽不清楚我說什麼，或是他忘了我點什麼，又再問一次，我就更緊張了。

每次點完，拿到自由組合的三明治，覺得人生又過了一關呀！但我想我還是繼續吃我的中式便當，比較保險。

公司員工餐廳入口處。

聖誕節前公司招待傳統聖誕午餐。

辦公室英文

Phonetic Alphabet Table

－語音字母表－

名詞

英國人要講英文字母，一個字母一個字母分開念時，通常都會用語音字母表的字彙，代表英文字母，確保聽的人不會 B 或 P 分不清楚。

A	Alpha	J	Juliet	S	Sierra
B	Bravo	K	Kilo	T	Tango
C	Charlie	L	Lima	U	Uniform
D	Delta	M	Mike	V	Victor
E	Echo	N	November	W	Whiskey
F	Foxtrot	O	Oscar	X	X-ray
G	Golf	P	Papa	Y	Yankee
H	Hotel	Q	Quebec	Z	Zulu
I	India	R	Romeo		

2 電腦維修，鬼打牆的流程

我的筆記型電腦有了問題，報備給IT維修部，來來回回一週還沒處理好，想到每天要繼續跟IT維修部奮鬥，心情就罩上烏雲，覺得很累。

在辦公室裡，如果個人電腦硬體、軟體、登入帳號、系統、甚至網站有問題，任何相關的IT問題，都要統一跟IT維修服務中心先報備，再轉發給相關單位。英國很多公司都採用這樣的IT維修方式，大多是外包，為了節省成本。不像在台灣上班，直接拿著電腦，殺去找IT人員，交情好只要拜託一下，就可以快速地修好電腦問題。

電腦有問題，就是雞同鴨講鬼打牆的開始

報修通常是打電話或是上網頁登入問題，跟服務中心開卡號 raise a ticket，公司的IT服務中心位於遙遠的印度，遠端遙控維修電腦。

這根本就是噩夢開始的第一步！

之前電腦維修報備專線是內線分機，後來改成外線電話就算了，還一度是使用者

下雪時開車，緩慢前進防止打滑。

額外付費的特殊電話號碼。這實在是很不合邏輯，明明是公司的內部需求，IT維修服務中心就應該是內線分機呀。

之前聽到同事說，當時他人不在辦公室，必需用手機打維修報備專線，花了二十英鎊處理公司電腦問題，真的很嘔。

電腦維修中心管理任何IT問題，範圍很廣，小項目是個人電腦的忘記密碼重設、無法開啟系統，大到公司辦公室WiFi有問題、電子商務網站某功能異常……等等無奇不有。複雜或不複雜的問題，都是先打電話報備，先開卡號，才會有專人處理。

修電腦，要靠運氣

因為問題太五花八門了，接電話的客服中心素質不一，每通電話都是雞同鴨講的經典代表。能不能溝通、能不能修好都是靠運氣！

運氣一：希望接電話的客服，有至少猜得懂的印度口音，不然每句都要反問 Say again please？請再說一次，真的很尷尬。

有次我真的忍不住抱怨，我都聽不懂IT客服的印度先生小姐在說什麼。我的英籍印度同事就說，他也聽不懂他們的英文，同樣覺得困擾跟懊惱。我內心才好過一點，不是我英文不好，連印度裔的同事都聽不懂，大家感受都一樣，同在一艘雞同鴨講的船上。

溝通時是V還是B常常傻傻搞不清楚，仔細發音還是霧煞煞，最後只好用像小學生學ABCD的方式，B是Bravo，T是Tango這樣說才清楚。

英國人有自己固定一套A到Z單字代表字母的用法，俗稱語音字母表，有固定單字代表每個字母，講起來很順。但是我記不得，每次要解釋哪個字母，都得腦海中快速翻字典，想想有什麼代表字，往往使用的都是超阿呆的小學生辭彙，例如Apple的

A，Book的B。跟客服人員的速度差很多，對照語音字母表，立刻反應專業代表字，Hotel的H，India的I，相當流利。

有一次我的電腦密碼過期得重設，跟濃厚口音的印度IT服務人員，溝通AY9F-BDN8-0LKWV-GE4T這麼長又這樣複雜的密碼，用慘烈一詞都不足以形容當時的慘況。

運氣二：希望接電話的客服，能夠了解我說的問題，要不然就完全是雞同鴨講了。

電話接通後，先是很客氣地被問你是哪個單位，實體商店還是總公司，這容易回答。開始解釋問題時，就是一直重複說著同樣的句子，或是換句話說，相同意思照樣造句，因為對方根本不懂你的問題是什麼，一點進展都沒有。

公司的電腦系統太多，電子商務的網站也複雜，每次我要解釋哪個功能有問題，都要忍著耐心的解釋細節，或是直接告知通常這問題都是哪個IT組處理的，同時心中滿心期待客服直接給我他的email，請我將詳情細節用寫的告訴他。

運氣三：希望客服是個電腦高手，剛好懂我的電腦問題，可以直接遠端連線遙控電腦。

如果運氣夠好可以通過前兩關考驗，IT人員就會取得你同意直接端連線遙控電腦。這樣的情況是奇蹟，當聽到「我可以接手你的電腦處理問題嗎？」時都感動得要命，一次馬上解決的次數少之又少，覺得如果當天買樂透一定中獎。

大部分的狀況，都是踢皮球，轉手又轉手，得每隔幾天一次又一次的打電話去追問，我的問題還沒解決好，我無法工作，無法如期完成工作項目，這個IT問題需要馬上解決，咆哮完畢之後，再複述一次電腦問題。

每次都覺得一直鬼打牆，反覆追殺、重複解說。

如果再遇到聽不懂的印度口音，更覺得怪獸等級又升級了。

英國辦公室另類特色——沒效率兼訓練耐心耐力

最嘔的狀況是，明明問題還是存在著，突然信箱裡收到信說，這個問題已經解決了，要關工作卡。

每次看到這信件，我血壓立即飆高，解決？連個鬼影都沒看到，是人工智慧自動解決問題了唷！我都得深呼吸三分鐘後，再打電話到電腦維修中心，用嚴厲的語氣詢問，我被關工作卡了，但是問題沒有解決，麻煩你再開卡，或是重新複製開個新卡，換句話說就是，鬼打牆再來一回。

這樣反反覆覆真的超級沒效率，轉過好幾手才到真正能處理的IT人員，真不知道是誰發明這種流程，還被很多英國公司採用，算是另類的英國辦公室特色。

所以每次我跟IT維修服務中心講完電話，都覺得剛上完修身養性的訓練課程，需要泡杯茶，或去散步緩和心情一下。這時就很想念台灣的便利性，可以直接找到電腦問題的負責人，馬上有效率的處理問題！

大雪來襲，從後院拿出工具到前門剷雪。

辦公室英文

Annual Train Ticket

－ 火車年票 －

名詞

火車是英國通勤族的重要交通工具，每天搭火車上下班，火車年票是上班族最划算的票種，比火車週票或月票的全年金額還便宜一些。

3 火車年票，英國上班族最昂貴的配件

在英國上班的朋友，最近搬了新家，每天上班通勤方式換成是搭火車進倫敦，唉唉叫剛刷卡買了火車年票，有夠昂貴，一次刷了四千八百英鎊，價值不斐呀！這價錢折合新台幣，大概是二十萬元，相當驚人啊！

火車年票每天帶在身上，被戲稱為這是身上最昂貴的配件！出門身上最貴不是名牌包、結婚鑽戒或愛鳳手機，是那張薄薄的火車年票。有趣的是這張火車年票名字就叫金卡（Golden card），且紙張還是金色的，真的是張貨真價實的昂貴「金卡」！

真的，二十萬元的名牌包很少見，有這種包且提得出門的貴婦，大概都有司機或是不用上班吧！

昂貴火車票，咬著牙噙著淚鼓起勇氣一次刷下去

我聽完朋友說的驚人火車年票價錢後，開始詢問辦公室搭火車上班的同事們，他們的火車票年票價錢是多少。情報蒐集的結果是最昂貴的票價是六千八百英鎊，等同

倫敦上班族一手捷運報一手公事包的搭地鐵。

二十七萬元新台幣！

這樣的通勤費用，約有一百公里的距離，大概是台北到竹南的距離。在英國的單程火車車程大概是一小時再多一點的時間，再加上地鐵到公司，大概是一小時四十分鐘單程通勤時間。

這麼昂貴的價錢，年票得一次付清，鐵路公司並不提供分期付款。如果想要分期，就只好買月票或是季票，年票就只能忍痛且毫無選擇地一次刷下去付清。

有些大公司會有火車年票貸款，公司先墊買火車年票的錢，然後再每個月從薪水中扣款。我們公司提供的貸款金額最高是六千英鎊，我同事已經超過這個額度，每年購票時還得自己籌出八百英鎊，非常傷荷包。

火車票的價錢，對大部分的上班族而言都是個高支出的負擔，並沒有因為英國所得高，就相對負擔得起。高稅率加高物價，可以支配的收入所得也是有限。會住這麼遠，花這麼多錢通勤，也是不得已的選擇。

之前有新聞報導，有位年輕人為了省錢也想抗議火車票太貴，要從蘇格蘭去英格蘭南部，查詢各種交通工具的結果是從蘇格蘭出發搭飛機到德國，再轉機

在地鐵月台等待的通勤族。

飛到英格蘭的目的地，兩段廉價航空加機場接駁的旅程總金額，都還比在英國直接坐火車到目的地的價錢便宜。

倫敦上班族，住郊區是為了生活空間跟品質

在倫敦上班的上班族，不少比例都是住在倫敦外的城鎮，每天搭火車進城上下班。原因是倫敦市區的房價高、空間小，很多英國人組了家庭有了小孩之後，為了要換大一點的房子，還有寬廣的生活環境，例如公園、戶外休閒、學區，只好住離倫敦市區越來越遠的地方，改搭火車上班。

倫敦的地理規劃是圓形的放射狀，市中心是一區，往外一圈一圈擴散到六區。市中心的高級住宅區海德公園旁，威廉王子跟凱特王妃住的肯辛頓區，平均房價要接近三千萬英鎊，將近新台幣十二億元，而房子越郊區離市區越遠，價錢就越低，六區的房子可能只有市中心的五分之一價錢。

我自己也是這樣的例子，剛來英國時是在倫敦唸碩士，住在學校校區的宿舍，是接近市中心的二區，去市中心各景點都很方便，搭個地鐵十五分鐘就到了。結果上班後，應徵上的公司在倫敦市外的鎮上，於是我就隻身搬去小鎮上住。

後來成家買房，因為公司所在地因素，加上房價跟居住區域等整體考量，住離倫敦越來越遠了。沒想到後來公司搬遷到倫敦西四區，我繼續在公司上班，變成要通勤去倫敦了。只不過我開車去上班，而非搭火車。如果搭火車，我的火車年票也要五千三百英鎊，除此之外，還需再加上火車站的停車費一年一千英鎊，都在考驗荷包的深度啊！

火車的服務品質跟價格不成正比

倫敦每天都有上百萬上班族，早起擠著沙丁魚的車廂進城，晚上再拖著疲憊身體擠回家。通常通勤族的火車通勤時間平均約半小時到一小時不等，但是再加上火車站跟搭地鐵到公司的轉乘，大概都要再加上一小時。換言之，從出家門口到公司的時間，單程大概需要一個半小時。

英國的交通費以昂貴及服務爛聞名全世界。如果昂貴但是舒適且準時，至少會付的甘願一點，但是完全相反啊。在巔峰通勤時間，通常都是一位難求，火車常常誤點，而且三天兩頭可能會有車站發生訊號異常，導致火車取消或是嚴重誤點，讓上班或回家的路途更加漫長了。

倫敦通勤族，小心翼翼保護身上最貴的配件——紙本火車票

我看到擁有火車年票的朋友，都小心翼翼的把車票保護在車票夾裡，於是有人問沒有電子車票嗎？沒有，英國還沒有這麼先進。火車票還是一張紙張後面附有磁卡，刷進刷出。一直到這一兩年，才漸漸有鐵路公司推出像悠遊卡的感應式卡片，堅固耐用些。要不然就真的只是薄薄一張紙，超容易弄丟的呀。

所以倫敦通勤族，每天上班要保護的不是筆電、手機、或是精品皮件、項鍊配件，而是那張薄薄小小不見會很麻煩的火車年票！

下雪天火車容易誤點或取消，急壞上班族。

辦公室英文

Consultation Period

－ 諮詢期間 －

名詞

英國企業宣布組織變動跟裁員消息後，工作受影響或是將被裁員的員工，立即進入諮詢期間。在諮詢期間，雇主需儘可能協助該員工轉職，或是提供相關的協助。

4 裁員，只能偷偷聊的八卦

公司最近謠言很多，像是某某部門在縮編，準備要裁員多少人的八卦。裁員縮編這種事情，都只能偷偷私下聊，無法直接問主管，即使硬著頭皮問了，也不會得到正面的回應。

在公司多年，幾乎每年都有裁員的情況，裁員人數多寡，依照景氣跟公司營運好壞的情況，有時候是大動作的裁員，有次我的部門裁了快三分之一的人。有時是小範圍的組織調整，相較於之前遇過的大震盪，即使當時公司營運好，仍有三位同事被裁員。

總監突然再也沒來上班，大家議論紛紛

無論如何，「人事調整」、「組織變動」這類名詞，對在英國辦公室討生活的員工來說，一點也不陌生。一年一度的人事變動是家常便飯，偶爾在年中也會因有人離職而進行小幅度的調整。

用樂高拼出來的英國女王圖像。

身為老鳥，我們都知道聖誕節後，會計年度結束前，就是謠言最多，人心最惶恐的時刻。我們公司總是在第四季開始裁員，為了減少開支，或是規劃下個會計年度的營運重點，公佈組織調整的裁員計劃。

有一年聖誕節後上班，就沒看到部門總監，他突然沒出席很多例行會議，再也沒來上班，我沒收到任何官方消息說總監怎麼了，同事間竊竊私語，我們偷偷的猜測總監是不是被炒魷魚了。

緊急會議，發佈組織異動裁員名單

四月某天我們在公司上班時，緊急被叫去會議室說有事情宣佈，告知從五月的新會計年度開始，部門組織會有小調整，有三個職務將會被裁撤掉。意味著這三位同事將被裁員，剛剛已經跟這三位同事各自單獨談過了，他們即日起可以不用進辦公室，將手邊的工作開始交接給相關人員，交接完任務就結束了。

大家聽完後一陣沉默，接著靜靜地走回自己位置上繼續辦公。這三位同事，都已經先自行下班了。

部門總監除了告知部門裁撤三個職位，還提到商品部某個單位，整組都被裁撤掉，因為公司不再經營這個部份業務，就整個收掉了。

總監最後還請大家，給予這些受影響的同事心理上的支持，無論被裁員的同事決定要應徵公司內部其他職務，還是離開公司。如果需要幫助，就盡量給予協助，更重要的是穩定公司內部民心。

同事被裁員，有時候只是因為在錯的位置而被裁掉了，只能說很不幸運。另一方面，如果是員工不夠優秀，英國職場也有法律保障員工。裁員不可以針對個人，不可以任意裁員，除非是公司組織變動。法律也規定裁員到達某一程度的人數規模時，需

要先與工會協商。

逆向思考，裁員可能是職場轉機，而非大挫敗

同事賽門被通知職務將被裁掉，我有點感慨，因為兩年前我正是任職該職務。我換部門後，原本的職務空著很久，原本決定遇缺不補，事隔一年後決定徵人。空缺空了半年後，賽門打敗內部跟外部競爭者，開心的就職，沒想到聖誕節銷售旺季結束後，只做了半年新工作，就被通知裁員了。

實際的內幕，老闆跟賽門都沒多說，我們也無法得知為什麼職務會被裁撤。賽門他個人倒是還滿看得開的，他覺得雖然在該職務沒做太久，仍然得到實戰的經驗，而後將為接下來的職場生涯鋪路。

賽門也覺得在公司也待了好幾年，這次**被裁員，並不是個人能力不足，這次可能是職場的轉機**，去試試其他公司的機會，說不定會更好。被裁員當然當下有些沮喪，**但絕對不是整個職場生涯的大挫敗，人生就要毀了似的。**

公司縮編裁員，在英國司空見慣

在英國，新聞幾乎每隔一陣子就會報導，某某大企業要裁員多少員工，或關閉某區域的某個單位，合併到另一處營運單位，通常理由都是景氣不好、營運不善，所以裁員節省開支。

公司組織縮編裁員，都得照一定的流程走，受影響的員工收到通知後，就會開始一個月的諮詢期，找其他公司的工作，或是應徵公司內部的其他職缺。

至於大家關心的遣散費，真的不多，英國規定需在同一家公司工作兩年後才有遣散費可領，大約是一年的年資是一週薪水，真的是很心（薪）酸呀。

我觀察要被裁員的同事，多數選擇離開公司，少有轉投其他內部職缺的狀況。除非是同小組組內縮編，例如從五個人縮編到四個人，這時候每個人就會重新投履歷，五個人應徵四個人的職務。這時候，當然同事間的氣氛就有點詭異，在重新面試之前，大家都無心工作啦。

坦然面對是找新工作的最好應對

我之前面試新人時，問到為什麼離開上份工作，有應徵者非常坦白的就直說被裁

員了，直接了當。這位應徵者在面試過程表現良好，擁有該職缺所需要的經驗與技術，我們並沒有因為他之前被裁員，就猜想他的能力是否不足，給予不同的對待，最後錄取他，而他之後的工作表現也如預期的優異。

在英國組織異動跟裁員實在是時有所聞，並不是驚天動地的大事，在求職的履歷表上並不是個污點，坦然面對，不隱藏經歷。此處不留爺，必有留爺處。

每年看到公司這些組織變動、裁員的消息，都覺得是上班的一個警訊呀。平時上班想鬼混、想多一事不如少一事，下次組織變動時，可能你的職務就會因為沒有貢獻而被裁掉了。公司要生存，小職員也要生存，這真是英國上班族看不見的壓力呀。

參加業界高峰會的會場社交區。

上班必經之路的日常風景。

辦公室英文

Christmas Jumper

－聖誕毛衣－

名詞

冬天一到，英國人喜歡穿上有聖誕節圖案的毛衣，增添過節氣氛。聖誕毛衣的精髓，不是正常聖誕圖飾的毛衣，是紅藍綠鮮豔顏色卡通圖案的毛衣，越搞笑越歡樂越符合聖誕氣氛。

5 聖誕節，原來英國人這樣慶祝

在英國的零售業上班，十二月是名符其實的銷售關鍵戰鬥月，認真上班認真玩樂work hard and play hard，每天上班緊張地追著銷售業績，工作真的很多。一方面也進行著吃喝玩樂的聖誕活動，活動也很多，辦公室充滿了歡樂的挑戰氣氛。

一定要有的活動是秘密聖誕老人（Secret Santa）、英國專屬的聖誕毛衣日（Christmas Jumper Day）、聖誕派對（Christmas party），外加整個月吃不完的零食跟喝不完的酒。

節慶的巧克力跟餅乾隨處都有，難抵甜食誘惑

聖誕節銷售檔期是英國最重要的銷售旺季，公司整年度營運是否賺錢都是仰賴這幾週的銷售成績，主管們每天追著問昨天銷售業績如何，今日網站拜訪人次多少、目前業績多少、競爭對手有沒有降價搶生意……等。需要隨時判斷和處理大大小小的事情雜又多，主管們可能體恤大家辛勞，為了提升戰鬥力，往往都會買些零食餅乾進辦公室，讓大家以吃紓壓。

每逢佳節，英國超市都會販賣季節性的零食甜點量販包，大包裝高熱量的糖果餅乾以親民的價格跟大家招手。主管們幾乎都去超市搬整箱的，可以在每張辦公桌上發現一盒又一盒的零食，從巧克力、QQ軟糖、餅乾、甜甜圈、手工小蛋糕應有盡有。

同事們一邊工作就會一邊伸手抓一個塞嘴巴，英國零食都是甜食為主，一天下來，可能增加許多額外不必要的卡路里。從上午吃到下午，明明知道不應再把巧克力塞下肚，但仍不自主的伸手再拿一顆。沒辦法，過節嘛。

廠商巴結送的英式提籃禮盒，人人都有禮

相關的合作廠商也會趁著佳節送送禮，孝敬我們這些花錢的企業主，最常見的節慶禮品是英式提籃禮盒（Christmas Hamper）。像是台灣的水果禮盒，以漂亮的籐籃裝著精心挑選的蘋果、梨子、橘子。在英國，禮盒就是擺放精選的食物與飲料，擺美美的放在野餐提籃裡變成一個送禮組合，看起來體面又大方。常見的食物有：餅乾、巧克力、乾乳酪、果醬、蛋糕、零食、茶、咖啡、酒，讓大家在佳節時可以與親朋好友聊天享用的食物，有點類似於台式過年的瓜子與糖果。

在辦公室裡收到提籃禮盒，大家睜大眼的先看是哪個品牌出產的禮盒，是不是所謂的高檔貨，裡頭東西多不多，有沒有符合大家喜好。倫敦著名的百貨公司，例如

Fortnum and Mason、Harrods 哈洛德百貨、John Lewis、Marker & Spenser 馬莎百貨，都是大家喜愛的大品牌。

其實公司跟英國都有嚴格的反廠商賄賂的規定，有一定的金額限制，廠商也只是趁著時節聊表心意而已，公司內部規定，收到禮物無論大小通通都要記錄起來。

禮盒內的食物，大家打開來看有什麼，馬上就瓜分掉了，可以分食的餅乾糖果就立即打開來品嚐，不容易分享的果醬、茶包或紅白酒誰喜歡就拿去。至今還沒有發生有人搶禮盒內的食物，可能真的食物各有喜好，或是英國人都太客氣了。

哈洛德的極致尊貴禮盒，要價一百萬元新台幣

市場上的大型提籃禮盒，售價約是一百英鎊上下，約台幣四千元，但是也有價值不斐的超級禮盒！知名的倫敦高級食品百貨 Fortnum and Mason 有聖誕節限定的帝王組禮盒，售價五千英鎊，約新台幣二十萬元。內有煙燻鮭魚、鵝肝、松露乳酪、魚子醬、珍珠製成的刀盤組。

我看到帝王組已經覺得很高貴了，沒想到一山還有一山高，哈洛德百貨 Harrods 還有登峰造極的極致尊貴禮盒，售價兩萬英鎊，約新台幣一百萬元！整組很驚人，內

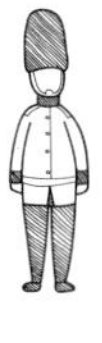

有二十四瓶酒、五種茶或咖啡、二十九種果醬餅乾和蜂蜜蛋糕等食物、七種巧克力或甜點、十八種鮮食，例如魚子醬、起司、燻鮭魚、鵝肝，非大家庭的皇親國戚還真的選購不起呀。

辦公室必有活動——秘密聖誕老人送禮

聖誕節前，部門必辦的活動是秘密聖誕老人（Secret Santa），大家互買禮物互送，大概是五到十英鎊金額的小禮物，想參加的同事自行參加，完全沒有強制性。

我剛踏入英國職場江湖時，還認真思索如何能在十英鎊內買到大方又實惠的禮物，經過幾次洗禮後才領悟，秘密聖誕老人的禮物，千萬不要太認真，搏君一笑的禮物才是送禮的真諦。

送禮精髓——包裝精美的搞笑禮物

有了這層領悟之後，就覺得買禮物好輕鬆容易，盡量挑選搞笑、整人、意想不到的，怎麼有人會買這種東西當禮物。換句話說，就是亂買的廢物，然後包裝得美美的，唬人看起來像是個大禮。

送禮當天，參加活動的同事，都會聚集在一起，圍成一個圈圈，超瘦的部門總監被迫穿起不合尺寸的聖誕老人服裝，一一唱名發禮物。

每年的交換禮物，都會出現從來沒有看過的創意驚豔禮物，看到時都覺得怎麼有這種東西啦！例如有人收到用粗毛線編織成的假鬍鬚帽子，戴起來很像搶匪，根本不敢在路上戴；一大箱的清潔用品組，包含廁所衛生紙、清潔劑、刷子、手套，用名牌紙袋跟包裝紙包裝成很厲害的大禮；過氣偶像明星的月曆；英國老奶奶的裸體月曆；不文雅字彙的馬克杯或T恤；具有修剪鼻毛功能的原子筆。我只能說很敢買敢送，只為搏取收到當下的歡樂，心意無價。

收禮後，上演英式禮貌的劇情

正因如此，當有同事收到貼心實用的好禮時，立即感謝老天保佑，同時感受到其他同事羨慕的眼光。人人都想要的好禮物包含有紅酒玻璃杯組、冬天好看實用毛線帽或手套、3C商品、食物類的啤酒一手、名家巧克力一盒，這些絕對是平時做人超成功的見證。

不管收到什麼禮，內心喜歡或不喜歡，都要表現出一副好感動的表情，這對彬彬有禮又愛面子的英國人來說，一定要演一下的。

「克里斯，你得到什麼禮物？」

「一個愛因斯坦名言的杯子——天才是九十九分的努力。」

「還不錯呀，蠻實用的。」邊回邊露出竊笑的表情。

「對呀對呀，我很喜歡，不知道誰送的，謝謝他囉。」克里斯露出心滿意足又略帶苦意的笑容。

這樣的小對話，在當天大概會發生超多次的，英國同事們都很會演戲，不會看到「哎呀，誰送我這個爛禮物，來丟垃圾桶好了。」這種反應。

這麼演是英式禮貌的基本功，要兼顧送禮同事的情誼，不然被偷偷送禮的秘密聖誕老人看到你其實不喜歡，內心可會很受傷的，覺得我的熱臉貼到你的冷屁股上了。

又呆又醜的聖誕毛衣增添辦公室的喜感

整個十二月的佳節活動中，我最期待的是聖誕毛衣日（Christmas Jumper Day），因為又呆又好笑。

一進入冬天，各家服飾品牌就開始推出聖誕毛衣，毛衣的圖案都是跟冬天或是聖誕節相關，正常版是毛線編織成的雪花圖騰、麋鹿、聖誕樹、白色雪球……等等圖案。但是當聽到英國人在討論聖誕毛衣日該穿什麼？你的聖誕毛衣是什麼圖騰？請不要穿無聊乏味的正常雪花圖騰毛衣。

真正領悟聖誕毛衣的含義，也是我在英國待了多年之後才了解的，聖誕毛衣隱藏含義所指的是呆呆醜醜又好笑的聖誕節卡通圖案毛衣！

在英國，卡通圖案通常是小孩子的專利，大人們很少穿戴卡通圖案，但是提起聖誕毛衣，這些都變成理所當然。聖誕節的指標圖案包含雪人、聖誕老公公、麋鹿、聖誕樹、聖誕布丁、企鵝、北極熊、小精靈，配上色彩鮮豔的紅綠藍白各種顏色。

聖誕毛衣的反差精髓——越矬越呆越時尚

聖誕節前的聖誕毛衣日活動是公益活動日，活動當天眾多同事都穿上各有特色的聖誕毛衣，一個比一個搞笑，看誰最阿呆。同事們穿著醜醜的毛衣站在一起，跟平常正經的西裝套裝的嚴肅樣真的差很多，不管是經理還是總監，都只覺得好笑。

經典的反差就是電影BJ單身日記第一集，達西先生出場的畫面就是穿著一件綠色

套頭毛衣，圖案是一隻大大的麋鹿。這就是經典英國聖誕毛衣的精神，精神是越醜越呆越時尚，這樣才符合過節歡樂的氣氛，與平常正經模樣有超萌的反差。

有次我第一眼看到我同事亞當，我當下的反應是噗哧一笑。因為他大個頭穿著一件綠色聖誕小精靈迷你身體的毛衣，亞當說我不是當天第一個大笑到無法停止的人，他已經被很多人笑過了，不過他不以為意，反而非常得意地認為製造了效果，為辦公室帶來歡樂。

自從我領悟到聖誕毛衣的精髓後，冬天一到，商店裡聖誕毛衣一上架，我就開始物色這類又矬又呆又有特色的毛衣，早早在十一月就準備好了，避免像之前後知後覺，快到活動日才開始找毛衣，服飾店裡根本都賣光，找不到適合的毛衣，才發現英國人治裝速度都非常快速的。

聖誕派對一定是吃吃喝喝，尤其是酒喝到爽

聖誕節活動的高潮就是聖誕派對（Christmas party），具我觀察，每個行業跟公司的做法不盡相同。跟朋友聊天後才發現，原來我公司的聖誕派對相較之下是規模最小的。

因為聖誕節前，工作真的很忙碌，公司的聖誕派對嚴格說起來應該是暢飲派對，部門同事在聖誕節前的某一天，提早下班到公司附近的小酒吧吃吃喝喝，再由公司買單。通常可能會有些特殊節目，例如很受英國人歡迎的聖誕問答（Christmas Quiz）、猜猜聖誕歌曲的歌詞、有趣的聖誕小知識，嘻嘻哈哈輕鬆地跟同事邊喝酒邊哈啦。

可以吃米其林餐廳的預算，英國人寧願到小酒館灌二十杯啤酒

有次跟在英國上班的台灣朋友心怡聊到公司的聖誕派對，她幽幽地抱怨起她的英國同事。她公司的聖誕派對是採自主式，一個人預算八十英鎊，同事們自行討論怎麼花。投票結果決定要去小酒館喝酒，英國人聽到八十英鎊的預算，開心的不得了，說這樣可以喝大概八十杯的啤酒，喝到爽喝到爛醉。

心怡看到投票結果，內心怨嘆不已，寶貴的美食預算就這麼浪費地喝掉了，八十英鎊的金額可以到高級的米其林餐廳大餐一頓，居然是要去喝酒，心怡灌不了二十杯啤酒，純粹是去當分母，真是無奈極了，但也只好大器的成全同事的決定。

在手機遊戲軟體公司上班的朋友湯姆，公司的聖誕派對是包下整個電影院，去看剛上片的星際大戰。下午時間看電影，之後全體員工共一百多人去吃飯跟喝酒，主管們會發表感謝員工努力的言論，大家都習以為常了。

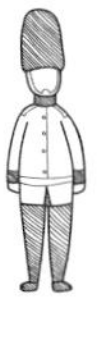

聖誕毛衣日，同事們大秀收藏毛衣。

3.2.1⋯跳！

在全球知名大企業上班的朋友可可，因為公司千人規模太大了，派對會分全公司和部門兩個方式，部門的派對主要是聖誕聚餐，一百個人去某家主題餐廳。全公司的活動則是上千人直接包下馬戲團戲院，邊看馬戲團表演，邊吃飯喝酒。

通常聖誕餐會大家都會開心的吃吃喝喝，如果隔天還要上班，就是人有到就好，證明還活著，主管也可能是頂著宿醉的腦袋在辦公。

英國的聖誕派對或餐會用意就像是台灣的尾牙，公司出錢辦桌，在年關時刻謝謝員工一年以來的辛勞。但是跟尾牙不同的是，沒有員工表演節目，也沒有抽獎跟拱主管加碼。禮物是聖誕老公公的專利，也在之前的神秘聖誕老公公活動中，已經領過了。

Orange Money 04

大英國小職員職場奮鬥記
拒絕壓榨，大膽出走海外就業去

張太咪 著

出版發行
橙實文化有限公司 CHENG SHIH Publishing Co., Ltd
粉絲團 https://www.facebook.com/OrangeStylish/

作　　者　張太咪 TAMMY CHANG
總 編 輯　于筱芬 CAROL YU, Editor-in-Chief
副總編輯　吳瓊寧 JOY WU, Deputy Editor-in-Chief
行銷主任　陳佳惠 IRIS CHEN, Marketing Manager
美術編輯　亞樂設計
製版／印刷／裝訂　皇甫彩藝印刷股份有限公司

編輯中心
ADD ／桃園市大園區領航北路四段 382-5 號 2 樓
2F., No.382-5, Sec. 4, Linghang N. Rd., Dayuan Dist., Taoyuan City 337, Taiwan (R.O.C.)
TEL ／（886）3-381-1618 FAX ／（886）3-381-1620
MAIL: orangestylish@gmail.com
粉絲團 https://www.facebook.com/OrangeStylish/

全球總經銷
聯合發行股份有限公司
ADD ／新北市新店區寶橋路 235 巷弄 6 弄 6 號 2 樓
TEL ／（886）2-2917-8022　FAX ／（886）2-2915-8614
初版日期 2018 年 02 月

請貼郵票

橙實文化有限公司

CHENG-SHIH Publishing Co., Ltd

33743 桃園市大園區領航北路四段 382-5 號 2 樓

讀者服務專線：(03) 381-1618

Orange Money 系列 讀者回函

書系：Orange Money 04
書名：大英國小職員職場奮鬥記—拒絕壓榨，大膽出走海外就業去

讀者資料（讀者資料僅供出版社建檔及寄送書訊使用）

- 姓名：______________
- 性別：□男　□女
- 出生：民國 ______ 年 ______ 月 ______ 日
- 學歷：□大學以上　□大學　□專科　□高中（職）　□國中　□國小
- 電話：______________
- 地址：______________
- E-mail：______________
- 您購買本書的方式：□博客來　□金石堂（含金石堂網路書店）□誠品
  □其他 ______________（請填寫書店名稱）
- 您對本書有哪些建議？______________
- 您希望看到哪些部落客或名人出書？______________
- 您希望看到哪些題材的書籍？______________
- 為保障個資法，您的電子信箱是否願意收到橙實文化出版資訊及抽獎資訊？
  □願意　□不願意

買書抽好禮

1. **活動日期**：即日起至2018年3月25日
2. **中獎公布**：2018年3月30日於橙實文化 FB 粉絲團公告中獎名單，請中獎人主動私訊收件資料，若資料有誤則視同放棄。
3. **抽獎資格**：購買本書並填妥讀者回函，郵寄到公司；或拍照 MAIL 到信箱。並於 FB 粉絲團按讚及參加粉絲團新書相關活動。
4. **注意事項**：中獎者必須自付運費，詳細抽獎注意事項公布於橙實文化 FB 粉絲團，橙實文化保留更動此次活動內容的權限。

Cath Kidston
辦公室證件吊繩夾
＋零錢包吊飾
市價約 700 元
限量 1 份

Cath Kidston
英國大頭兵旅行袋
市價約 1600 元
限量 1 份

白金漢宮小購物袋
市價約 200 元
限量 7 份

Neal's Yard Remedies
尼爾氏香芬庭園
玫瑰 & 天竺葵沐浴乳
市價約 600 元
限量 2 份

橙實文化 FB 粉絲團
https://www.facebook.com/OrangeStylish/

（贈品圖截自網路，款式顏色隨機出貨）